TERRAFUTURA

Biblioteca Aurelio Peccei

La plastica ha praticamente invaso la nostra vita quotidiana: nel bene, a supporto di ogni nostra attività, e nel male, quando diventa rifiuto altamente inquinante. Ma soprattutto quando si frammenta in micro e nanoplastiche che entrano nella catena alimentare. Oggi non possiamo fare a meno di questi materiali, che trovano applicazioni in tutti i settori: i computer, gli hard disk portatili, i cd e quasi tutti gli oggetti di uso domestico sono costituiti da polimeri sintetici, e sono prodotti plastici sofisticati le anche protesiche, le articolazioni del ginocchio, gli stent cardiaci... Il risvolto della medaglia è che con i milioni di tonnellate di plastiche che scarichiamo ogni anno nei mari non solo abbiamo distrutto gli habitat marini trasformandoli in discariche, ma ci stiamo esponendo all'assunzione attraverso il pesce di frammenti e di altri elementi nocivi per la salute, con i danni tutti da indagare da parte della ricerca medica.
Tuttavia le strade della sostenibilità ci sono e sono percorribili. In questo libro Silvio Greco offre molti spunti di riflessione su una criticità che abbiamo il dovere di affrontare con comportamenti diversi, sia come individui sia come istituzioni, se vogliamo migliorare la qualità della nostra vita.

Silvio Greco

# La plastica nel piatto

## Quando e come siamo diventati plasticofagi

GIUNTI

Slow Food Editore

Università di Scienze Gastronomiche di Pollenzo
University of Gastronomic Sciences of Pollenzo

Volume raccomandato
dal WWF Italia

WWF

WWF Italia – ONG Onlus

Impaginazione e redazione: Marilena Giammarrusti e Salvatore Vitellino

www.giunti.it
editorinfo@slowfood.it – www.slowfoodeditore.it



Prima edizione: gennaio 2020

# Prefazione

Quelli che stiamo vivendo sono anni di cambiamenti globali e stravolgimenti sociali. L'uomo sta sviluppando tassi di consumo sempre più elevati. La natura è minacciata da attacchi multipli, dalla distruzione degli habitat al prelievo eccessivo di risorse naturali, dalla cementificazione all'inquinamento. L'azione sinergica di questi fattori sta mettendo a serio rischio lo sviluppo sostenibile delle nostre società. I rifiuti delle attività umane stanno sommergendo il pianeta, invadono i mari, dalle coste agli abissi, alterando così ogni habitat e finendo per condizionare la nostra vita. Tutte le risorse indispensabili all'uomo, quali acqua, suolo e cibo, sono sempre più contaminate da plastiche di diverse natura e taglia. Cosa ancor più grave, questi impatti si sommano a quelli dei cambiamenti climatici aggravando le condizioni di salute di vasti ecosistemi della Terra.

La comunità internazionale, nella riunione dei G7 di Tsukuba del 2017, ha individuato tre priorità per la ricerca globale del prossimo decennio: la salute degli oceani, la propagazione di malattie e i big data. Per affrontare il problema della salute degli oceani il Consiglio dei ministri della ricerca dei G7 ha indicato come problema prioritario, anche perché più evidente, la spazzatura in mare. Essendo questa composta all'80% da plastica, il principale nemico da combattere è facilmente identificato. Si può quindi dire, a ragione veduta, che la lotta alla plastica a livello globale sia cruciale per la difesa della natura nel prossimo decennio. Ma le battaglie non si vincono se non si conosce bene il nemico, e non si trovano soluzioni giuste senza solide basi scientifiche.

Questo libro fornisce un contributo essenziale e originale in questo senso. Ci spiega la storia della plastica, la sua composizione per arrivare ai problemi di smaltimento. L'impatto della plastica è ancora più rilevante in ambiente marino dove domina i rifiuti dai tropici ai poli, dalla superficie degli oceani agli abissi più profondi. Questo libro ci spiega con chiarezza, molti dati e numerosi esempi, come le plastiche diventino presto un cocktail di contaminanti che entra negli organismi marini per finire sulle nostre tavole con il cibo e, purtroppo, anche con l'acqua del rubinetto.

L'esperienza dell'Autore, profondo conoscitore della vita marina, delle sue risorse, della pesca e della cucina, gli permette di compiere un excursus unico nel panorama della letteratura scientifico-divulgativa italiana, formulando proposte concrete e convincenti.

Tutte le più grandi potenze economiche si stanno impegnando per contrastare questa deriva tossica del nostro benessere, ma molta della plastica che finisce in mare viene da paesi terzi che, troppo impegnati a perseguire il loro sviluppo, ritengono forse secondario il problema. I grandi della Terra hanno quindi una doppia responsabilità, poiché devono puntare a strategie globali per sostituire completamente l'utilizzo della plastica monouso.

Non possiamo voltare la testa dall'altra parte e accontentarci di fare qualcosa solo a casa nostra. Per questo motivo il libro di Silvestro (Silvio) Greco, *La plastica nel piatto*, merita la massima attenzione. Da queste pagine emerge con chiarezza che la plastica è un problema reale, che sta condizionando la nostra società. Si tratta di un problema complesso ma che abbiamo il dovere di affrontare con comportamenti diversi, sia degli individui che delle istituzioni, se vogliamo migliorare la nostra vita.

L'auspicio di Greco, attraverso le sue analisi, è che ci si indirizzi verso uno «sviluppo autenticamente sostenibile», ma per farlo dobbiamo affrontare e vincere numerose battaglie, di cui quella contro la plastica è prioritaria, senza dimenticare che per quanto grandi siano le minacce c'è ancora spazio per rimediare ai nostri errori del passato.

Roberto Danovaro
Presidente della Stazione Zoologica Anton Dohrn
Istituto nazionale di Biologia, Ecologia e
Biotecnologie marine

## CAPITOLO 1

# Di cosa parliamo quando parliamo di plastica

## Breve storia di un materiale rivoluzionario

La plastica è praticamente ovunque. E non nel senso a cui la cronaca di tutti giorni ci ha tristemente abituati, con i problemi di smaltimento, l'emergenza dell'«usa e getta», e le isole di plastica negli oceani. È così fondamentale oggi nella nostra quotidianità che la diamo per scontata senza renderci conto della sua pervasività. Le materie plastiche trovano applicazioni in tutti i settori: sono prodotti plastici sofisticati le anche protesiche, le articolazioni del ginocchio, gli stent cardiaci. Sono di materiale plastico i cd, i computer, gli hard disk portatili e quasi tutti gli oggetti di uso domestico. Il grande successo della plastica in numerose e varie applicazioni industriali è dato dall'enorme gamma di proprietà mostrate e dalla sua notevole facilità di lavorazione.

Gli addetti ai lavori, con semplici reazioni chimiche, possono adattare il complesso chimico di partenza a specifici bisogni solamente variando la composizione atomica della struttura principale (monomero), o i pesi molecolari, o modificando le ramificazioni delle catene. Ne risultano prodotti più o meno flessibili oppure con diversi gradi di cristallinità, che con l'aggiunta di diversi additivi possono essere più o meno morbidi, sembrare fibrosi, colorati o trasparenti e tanto altro ancora. Parimenti a un sarto o a un mosaicista, la chimica della plastica sorprende per la grande varietà di prodotti finali ottenuti con passaggi relativamente semplici.

L'avvento di questi materiali sintetici, prima d'allora inesistenti in natura, risale alla fine dell'Ottocento e non è stato un processo semplice. Molta confusione ha contornato i primi esperimenti e le prime definizioni. A cominciare dal nome «plastica».

Oggi il termine è di uso comune, e designa i suoi oggetti con una correlazione diretta, sebbene al fondo errata. Seguire l'evoluzione della parola con cui si indica questo materiale evidenzia la difficoltà a capire questo mondo sintetico comparso di recente. Al tempo del suo esordio sono stati fallimentari i tentativi di dargli nomi commerciali. Per un uomo di fine Ottocento, inizi Novecento, il termine «plastica» indicava il processo manifatturiero industriale di produzione di un materiale che poteva essere plasmato e prendeva facilmente ogni forma. Ma ancora non si chiamava «plastica». Tale nome entra nel dizionario industriale solo nel 1925, indicando proprio «una classe commerciale di sostanze lavorate in diverse forme per vari usi, plasmate o messe sotto pressione quando sono in condizione plastica».

Da qui la confusione che ancora aleggia intorno alla reale natura dell'oggetto plastico, soprattutto quando è nella fase del riciclaggio. Perché parlare indistintamente di plastica, riferendosi a celluloide, polistirolo, PVC è come equiparare ferro, acciaio, rame e piombo pretendendo di indicare lo stesso materiale. Per questo alla fine del libro abbiamo inserito un'Appendice che descrive e spiega tutti i componenti della famiglia allargata della plastica.

Con il termine «plastica» si indicano oggi genericamente migliaia di materiali sostanzialmente non naturali provenienti da lavorazione industriale. Una grande gamma di materiali che i tecnici, i chimici, gli industriali chiamano con nomi specifici che declinano il composto chimico di base – «polimero sintetico» – e le sue caratteristiche. La natura è piena di polimeri, cioè strutture articolate della materia che replicano molte volte una molecola di base (monomero). E di polimeri naturali l'uomo ne ha sempre fatto largo uso, li ha saputi utilizzare fin dall'alba dell'umanità proprio per la capacità di questi materiali di essere facilmente lavorati. Le ossa, le corna di animale e l'avorio, le conchiglie, il legno e le fibre vegetali, le unghie, il caucciù, l'ambra, la seta, i peli di animali sono tutti polimeri naturali come anche il DNA, i carboidrati, le proteine e i grassi. Seppure onnipresenti i polimeri naturali hanno un problema di approvvigionamento: vanno raccolti in natura, oppure ricercati con la caccia e prelevati da animali. Soprattutto sono soggetti alla «dittatura della natura»: possono scarseggiare o essere stagionali, non essere sempre a disposizione, necessitano una lavorazione talvolta lunga per poter godere dei benefici del prodotto finale. Si possono rompere con facilità, si danneggiano, invecchiano nel tempo, si alterano, si consumano e devono essere rimpiazzati, ma sono stati sempre utilizzati in ogni angolo del mondo. Curiosa è la descrizione nelle cronache di viaggio di Cristoforo Colombo quando racconta dei nativi di Haiti che giocano con palle ricavate da un materiale ottenuto da un albero: la gomma naturale.

La nascita della plastica come la intendiamo noi arriva dopo un lungo percorso di esperimenti di laboratorio avvenuti nell'Ottocento sotto la spinta di interessi industriali, curiosità scientifiche di singoli inventori e lo sviluppo di un nuovo indirizzo preso dalla chimica. Questa concomitanza di circostanze subisce un'accelerazione grazie alle nuove scoperte tecnologiche.

Charles Goodyear fu tra i primi a mischiare la gomma naturale con diverse sostanze come lo zolfo e a scoprire che questo composto riscaldato aumentava le proprie doti di elasticità e resistenza. Anche le prime emulsioni chimiche per le fotografie hanno un grandissimo balzo in avanti grazie all'uso del collodio. È proprio quest'ultimo che affascina Alexander Parkes, un prolifico inventore di Birmingham. I primi esperimenti che fece erano indirizzati a trovare una soluzione alle fragili lastre di vetro usate nella fotografia degli esordi. Il nitrato di cellulosa era stato appena creato e, mischiato con etere e alcol, formava il collodio. Trasparente, il collodio assomigliava a una pellicola e veniva usato per coprire le ferite oppure, unito a colori, come smalto per le unghie. Parkes, notando la modellabilità del collodio, prese il nitrato di cellulosa sotto forma di fibra di cotone o farina di legno, la sciolse in acido nitrico e solforico, mescolò il tutto con oli vegetali e la nafta di legno. Ne uscì un impasto che poteva essere modellabile in qualsiasi forma. Era il 1856 e nacque così la Parkesina, il primo tipo di plastica non ancora del tutto sintetica. Era appena iniziata la lunga strada verso un nuovo materiale mai apparso precedentemente nella storia.

Rispetto alle immagini quotidiane, sembrerà strano raccontare che i primi polimeri sintetici nascono per rimediare alle carenze di risorse naturali, ai disastri ambientali e alle tensioni sociali. Come abbiamo già visto il rapporto dell'uomo con i polimeri naturali risale all'alba della storia ma essendo materiali naturali avevano una grande pecca, ossia la scarsa reperibilità e l'alto costo di raccolta e trasformazione. La difficoltà di reperimento determinava il fatto che molte materie prime erano di grande pregio e a causa del loro elevato valore erano disponibili esclusivamente a famiglie ricche e agiate. Alle classi più abbienti andavano per esempio i bottoni in corno, di madreperla, di conchiglie e metalli preziosi, mentre per i ceti più poveri era un lusso avere i bottoni di legno. Discorso analogo si può fare per gli elegantissimi pettinini e pinzette per i capelli usati dalle signore dell'alta borghesia industriale che ormai dominava la scena sociale in Europa e negli Stati Uniti. Dopo l'avvento della parkesina, imprenditori e industriali cominciano a intuirne le potenzialità per l'uso quotidiano e di conseguenza la ricerca in chimica si fa più intensa. Ma come tutte le grandi invenzioni umane, anche la plastica non arriva per caso, né all'improvviso: il momento della sua apparizione nella storia, che in pochi anni farà la differenza, è preparato da un humus culturale e da una serie di eventi non casuali. Nella seconda metà dell'Ottocento il modello produttivo derivante dalla rivoluzione industriale si è ormai imposto definitivamente in tutto il mondo occidentale. Il Positivismo, la corrente filosofica predominante nella borghesia industriale europea e nordamericana, permeava con le sue idee la politica e l'establishment economico mondiale, anche grazie all'espansione coloniale. E la fiducia nella scienza sperimentale si stava imponendo a ogni latitudine, mentre la tecnica, filiazione pratica della scienza, era considerata come unica via del progresso umano.

La crescita della nuova classe della borghesia industriale, il desiderio di ostentazione e affermazione sociale che ne conseguiva, producevano nuovi vizi, vezzi e status symbol che richiedevano l'approvvigionamento massiccio di materiali preziosi come l'avorio, l'ambra, legni pregiati che provenivano spesso dai territori delle colonie. Ecco perché deforestazioni, abbattimenti indiscriminati di animali, estrazione di materie prime erano le motivazioni alla base delle prime rivolte dei popoli colonizzati. Presto la depredazione di alcune risorse naturali diventa drammatica. Negli anni Sessanta del XIX secolo venne pubblicato sui giornali l'allarme per l'imminente estinzione degli elefanti. La fame di avorio, da sempre usato per molti oggetti dai pianoforti agli attrezzi per la toeletta femminile, subì un'impennata notevole quando nelle ricche famiglie borghesi si diffuse il gioco del biliardo. La domanda sempre crescente di zanne di elefanti portò la popolazione di questi pachidermi quasi al collasso e fece schizzare alle stelle il prezzo dell'avorio. Proprio per sopperire a questa carenza, nel 1863 un produttore di biliardi di New York bandì un concorso offrendo un premio di 10.000 dollari, cifra da capogiro per quegli anni, destinati a chi avesse inventato un materiale nuovo in grado di sostituire l'avorio per le palle da biliardo. I produttori avevano provato a usare le palle da biliardo ottenute dalla parkesina ma non erano perfette e si rovinavano con gli urti. Al concorso rispose anche John Wesley Hyatt, un tipografo allora ventiseienne con la passione per la chimica. Questi, aiutato dal fratello, dopo anni di tentativi mescolò nitrocellulosa e canfora e ottenne così, nel 1870, la celluloide, la vera prima invenzione polimerica a cambiare le sorti dell'umanità.

Negli anni successivi, la celluloide è stata la manna d'imprenditori di vari settori, da quello dentale per arrivare fino alla neonata industria cinematografica. Rispetto a oggetti di vetro, legno e metallo, con i loro limiti naturali di reperimento e deteriorabilità, oltre al costo insostenibile, la celluloide aveva il pregio di essere economica e quasi indistruttibile. Jeffrey Meikle, autore del libro *American plastic: A Cultural History*, coglie la rivoluzione culturale della celluloide in pochissime parole: «Sostituendo materiali difficili da trovare o costosi da lavorare, la celluloide ha democratizzato una serie di beni per una classe media in espansione orientata al consumo». La possibilità di produrre a poco oggetti di largo consumo getta le basi per il primissimo mercato di massa. Ma per molto tempo, da parte dei ceti sociali alti, la celluloide, nata come «avorio artificiale», fu considerata come sinonimo di falsificazione, prodotto di second'ordine atto solo a imitare la natura, nulla di veramente bello.

Per arrivare al primo polimero totalmente sintetico si deve attendere il 1907. E anche in questo caso di necessità si è fatto virtù. È il periodo dell'esplosione del settore elettrico domestico e urbano e come isolante sino a quel momento si usava la gommalacca da una resina naturale a base di sostanze idrocarburiche dette terpeni, ricavate dalle secrezioni della femmina della cocciniglia della lacca. La domanda di materiale isolante ebbe un'impennata vertiginosa, la produzione animale della resina era insufficiente a soddisfarla, il bene cominciò a scarseggiare e di conseguenza il prezzo schizzò alle stelle. A interessarsi a un materiale che avesse miglior resa isolante nei circuiti elettrici e nelle celle elettrolitiche fu Leo Baekeland, un chimico belga trapiantato negli Stati Uniti che combinò formaldeide e fenolo, fornito dalla raffinazione del petrolio. Questa miscela venne cotta sotto pressione. Il risultato non fu immediato. Baekeland provò e riprovò, passando per inutili tentativi, fallimenti ed esplosioni in laboratorio. Alla fine ottenne una resina densa e plasmabile: la bachelite, un polimero termoindurente totalmente sintetico. Per la prima volta compare nel mondo la plastica, nel significato più vicino a come la intendiamo noi oggi. Le applicazioni industriali di questo materiale hanno ben presto delle ricadute impressionanti e senza limiti sul mercato: dalle piccole cose di tutti i giorni, come pettini, bottoni, scatoline, penne, a elettrodomestici come la radio, alla nascente industria dell'automobile, dove verrà usata per volanti, manopole e altri componenti. La novità più interessante è che questa plastica si basa su derivati del petrolio. I pozzi di petrolio divennero un affare solo dopo l'invenzione del motore a scoppio nel 1853. Prima «l'oro nero» aveva scarsi utilizzi, forniva principalmente l'olio per le lampade. Solo con l'ascesa della plastica quella miniera di sottoprodotti di composti organici, prima sprecati, trovano un'infinità di nuove applicazioni.

A ogni modo, la nascita della bachelite segna l'anno zero della plastica: da allora è cresciuta rapidamente in quantità e settori di utilizzo ed è diventata una parte indispensabile della vita quotidiana del mondo industrializzato, e oggi anche di quello in via di sviluppo. In un arco di tempo corrispondente a circa mezzo secolo, la crescita esponenziale della plastica e dell'uso della gomma testimonia la versatilità, le alte prestazioni e l'economicità dei polimeri come classe di materiali. Dopo il regno minerale, vegetale e animale, completamente naturali e presenti da quasi cinque miliardi di anni, arriva di fatto il quarto regno. Non a caso il premio Nobel per la Chimica del 1974 Paul John Flory ha definito la plastica come «Il materiale che la natura si è dimenticata di creare».

Mancava un ultimo tassello che decretasse la fortuna e l'affermazione definitiva della plastica, e fu l'uso sempre più massiccio dei prodotti della raffinazione del petrolio. In pratica un portato dell'industria dell'automobile in espansione e della crescente domanda di petrolio, fu l'enorme disponibilità dei derivati e scarti della raffinazione del greggio quali prodotti base della plastica. La chimica applicata ai derivati del petrolio divenne la regina dell'industria tra gli anni Venti e Trenta del Novecento: nasceva così il settore petrolchimico, destinato a diventare colosso portante dell'economia mondiale. Tutte le attuali imprese petrolchimiche vengono fondate in quel periodo: Dow Chemical, DuPont, ExxonMobil, Basf, Total Petrochemicals. Quegli scarti trovarono applicazione in nuovi polimeri via via sempre più numerosi. Il gas etilene fu la base per il polietilene, la plastica per gli imballaggi per antonomasia. Il propilene divenne polipropilene per contenitori alimentari. Scoperto in Italia nel 1954 da Giulio Natta, per il quale vinse il premio Nobel, il polipropilene divenne famoso nelle case italiane con il nome di Moplen.

**LA STORIA DELLA PLASTICA IN 7 DATE**

| NOME | ANNO | USO |
|---|---|---|
| Parkesina | 1856 | Manici, scatole e colletti di camicie |
| Celluloide | 1870 | Palle da biliardo, pellicole |
| Bachelite | 1907 | Polveri da stampaggio, apparecchi telefonici, palle da biliardo, cruscotti e bigiotteria |
| PVC | 1931 | Tende doccia, finta pelle, materiali per edilizia |
| Nylon | 1938 | Collant, costumi da bagno, abbigliamento sportivo, arredamento |
| Plexiglas | 1938 | Finestre, lenti intraoculari per la cataratta, fibre ottiche |
| Polipropilene | 1954 | Recipienti, scolapasta, cruscotti degli autoveicoli, paraurti, tappi delle bottiglie di plastica, tappeti, moquette |

Fu proprio dopo la fine della seconda guerra mondiale che si verificò il vero boom commerciale della plastica, e coincise con la conversione di certi materiali dell'industria bellica, che di plastica fece ampio uso, in materiali di largo consumo.

Un caso esemplare e che ha fatto storia è stato quello dei collant di nylon, apparsi sul mercato nel 1940 per sostituire le calze di seta inaccessibili economicamente. All'epoca era in corso l'embargo degli Stati Uniti verso il Giappone, e le donne americane compravano in media otto paia di calze all'anno, arricchendo il mercato della seta giapponese con un giro di affari di 70 milioni di dollari. La Dupont, produttrice del nylon, fibra sintetica usata allora per realizzare i paracaduti militari, ebbe l'ispirazione commerciale andando a rifornire i produttori di collant privati della seta giapponese. Il 15 maggio 1940 il primo paio di calze di nylon fu venduto ufficialmente. Nei primi quattro giorni ne vennero venduti 4 milioni di paia e divenne un capo dell'intimo femminile molto economico.

Dal dopoguerra a oggi la plastica ha impattato la società più di ogni altro materiale nella storia ed è entrata nel nostro immaginario per quell'idea d'infinite possibilità prima impensabili, tanto che la plastica ha cominciato a sostituire tutto e a inventare nuovissimi oggetti mai apparsi prima nella vita delle persone. In pratica è presente ovunque, in elettrodomestici, giochi, vestiti, macchine, contenitori per il cibo, macchinari e mezzi per l'agricoltura e per il commercio, negli arredamenti delle case e nelle suppellettili da cucina. Data la pervasività dei suoi utilizzi, la produzione della plastica crebbe sempre di più fino a sovrastare definitivamente quella dell'acciaio nel 1979.

Quali saranno le conseguenze di questo eccesso di produzione per l'ambiente, l'alimentazione e la salute umana lo vedremo nei prossimi capitoli.

## Proprietà della plastica e suo smaltimento

Abbiamo già visto che i polimeri sono presenti in natura. I polimeri semi-sintetici e sintetici sono, come quelli naturali, macromolecole a catena lunga che si ripetono nello spazio. Vengono preparati mettendo insieme una serie di molecole a basso peso molecolare* di base, il monomero, che si ripetono quindi nello spazio strutturando così lo scheletro della catena da formare.

Le proprietà del polimero finale dipenderanno dalle caratteristiche chimiche del monomero iniziale. Anche la struttura delle catene che si formano dipende da come si

* Il peso molecolare o massa molecolare è la somma delle masse atomiche degli atomi che costituiscono la molecola. Per determinarla si moltiplica la massa atomica di ciascun elemento per il numero di atomi di quell'elemento nella molecola e poi si sommano le masse per ciascun elemento presente. Per esempio la massa molecolare dell'acqua ($H_2O$) è la somma di due masse atomiche di idrogeno (1,00794 u) e una di ossigeno (15,9994 u); quindi 2 × 1,00794 u + 15,9994 u = 18,01528 u.

compongono fra loro le molecole di base. Se il monomero si ripete sempre uguale nello spazio ne risulta un «omo-polimero». Contrariamente, se i monomeri di base sono diversi, avremo un «co-polimero».

Il polimero può assumere una struttura casuale, non ordinata, pertanto si dirà «polimero amorfo». Un esempio di polimero amorfo è il polistirolo. Se, al contrario, la struttura della spina dorsale del polimero risulta regolare e ordinata si dirà cristallina o semicristallina, come per esempio sono polietilene e polipropilene.

Il polietilene è un omo-polimero, perché ripete nello spazio il monomero di base dell'etilene, costituito da 2 atomi di carbonio e 4 di idrogeno. Sostituendo uno o più atomi di idrogeno legati al carbonio con un elemento diverso o con altre molecole complesse, le possibilità di creare nuovi prodotti sono immense. Come appunto è immensa la lista di prodotti polimerici. Nella struttura portante formata da carbonio e idrogeno risiede il successo delle plastiche. Essendo originati da idrocarburi derivati dalla raffinazione del petrolio ne conservano la grande stabilità chimica. La sostituzione di elementi con altri e la nuova molecola di base che ne deriva, generano prodotti che possono assumere diverse forme e complessità e si possono suddividere nelle tre macro categorie di fibra, gomma e resine. Altra suddivisione delle plastiche è quella che le distingue in termoplastiche e materiali termoindurenti.

Le termoplastiche si plasmano con il calore e quando si raffreddano assumono diverse forme. Se si sottopongono ad alte temperature in un secondo tempo, possono essere lavorate nuovamente per formare altri prodotti. Questa capacità di essere rilavorati dipende dal fatto che i materiali termoplastici non sono reticolati, ossia non hanno uno sviluppo spaziale tridimensionale, ma rimangono lineari. Al contrario, i materiali termoindurenti hanno tutte le catene di molecole legate insieme quasi a formare una rete nello spazio, appunto sono «reticolati». Questa conformazione li rende estremamente stabili e non possono essere rielaborati in nuovi oggetti se scaldati. Moltissimi oggetti plastici di uso comune sono termoindurenti, come la bakelite, gli interruttori elettrici, i manici di pentolame, gli apparati radio e la maggior parte degli elettrodomestici.

A questa categorizzazione si aggiungono gli elastomeri che hanno le proprietà elastiche, classiche della gomma, e possono riassumere la forma originale anche dopo forti deformazioni.

L'inconveniente più grande dei polimeri derivanti da idrocarburi è che il loro degrado è molto lento e inquinante. Questo aspetto aggrava enormemente il problema dei rifiuti solidi e dei derivati dal petrolio. Per tale ragione si è sviluppata negli ultimi anni una nuova branca della chimica che studia i polimeri di origine naturale e cerca di capire come riciclaggio e biodegradazione possano ridurre gli scarti dando nuova vita e forma a oggetti altrimenti destinati alle discariche.

Ma anche la tanto decantata «bioplastica» non è certo la panacea di tutti i mali. Lo stesso termine porta con sé significati ambigui, spesso con distinzioni non chiare al pubblico e legate a definizioni derivanti da brevetti. Pertanto il consenso della terminologia non è sempre universale. «Degradabile», «biodegradabile», «bio-based» (da fonti rinnovabili biologiche), «compostabile» e «biopolimero» sembrano avere significati multipli e sovrapposti. A farne le spese sono l'ambiente e il consumatore finale. Facciamo un po' di chiarezza.

«Degradabile» è un termine generico applicato ai polimeri o materie plastiche che si disintegrano con vari processi, compresa la disintegrazione fisica, la degradazione chimica e biodegradazione con meccanismi biologici. Un polimero può essere degradabile ma non biodegradabile.

«Biodegradabile», è un aggettivo applicato a polimeri che si degradano sotto l'azione di microrganismi (batteri o funghi) e gas naturali. L'esito di questo processo varia molto in base a diversi parametri ambientali come il clima, la natura del suolo, la temperatura, la presenza di ossigeno o microrganismi. Normalmente per «biodegradabile» s'intende un materiale che può essere degradato microbiologicamente e i cui prodotti finali risultano essere anidride carbonica e acqua. La biodegradazione dovrebbe essere distinta dalla disintegrazione in cui il materiale viene triturato in piccoli pezzi di dimensioni millimetriche.

Quando la fonte della materia prima proviene da una base biologica la plastica è definita «Bio-based», letteralmente «derivante da biomassa». Tali materiali possono essere quindi prodotti da scarti dell'agricoltura, commerciale o industriale, possono essere ricavati da alimenti o mangimi, da scarti della silvicoltura, scarti vegetali o animali (da ossa, ritagli di carne, scarti della macellazione). Tecnicamente un polimero a base biologica non è di per sé un polimero sostenibile, perché per arrivare a tale status bisogna considerare anche i suoi processi di produzione. Inoltre non tutti i polimeri a base biologica sono biodegradabili (per esempio, polietilene a base biologica o poliammide, come vedremo più avanti) e non tutti i polimeri biodegradabili sono a base biologica.

Per polimero «compostabile» s'intende una plastica che è in grado di subire decomposizione biologica in un sito di compostaggio, ma deve soddisfare almeno tre condizioni: alla fine del processo non deve risultare visivamente distinguibile e deve ridursi in anidride carbonica, acqua, composti inorganici e biomassa; tale decomposizione deve avvenire a una velocità compatibile con materiali compostabili noti (per esempio, cellulosa); e inoltre non deve rilasciare residui tossici.

La differenza tra i polimeri biodegradabili e i polimeri compostabili è determinata dalla velocità di biodegradazione, disintegrazione e tossicità. Tutti i polimeri compostabili sono biodegradabili, ma non viceversa.

Pertanto un modo corretto per definire i biopolimeri deve far riferimento alla fonte delle materie prime e alla biodegradabilità del polimero. Ne risultano quindi tre tipologie. I primi sono i biopolimeri ottenuti da materie prime rinnovabili a base biologica, quindi compostabili e biodegradabili. Sono prodotti da sistemi biologici (microrganismi, piante e animali) o sintetizzati chimicamente da una base biologica (per esempio mais, zucchero, amido, e altri vegetali). Tra questi si trovano polimeri sintetici da risorse rinnovabili, come il polilattide (PLA), biopolimeri prodotti da batteri, come i poli-idrossialcanoati (PHA), e biopolimeri naturali, come amido o proteine. Questo genere di materie plastiche trovano ampio utilizzo negli imballaggi alimentari, borse per la spesa, fibre e applicazioni agricole, tutte accomunate da una vita funzionale relativamente breve.

La seconda tipologia di biopolimeri è quella ottenuta sempre da materie prime rinnovabili a base biologica ma non biodegradabili. Tra questi ci sono poliammidi specifici da olio di ricino, poliesteri specifici a base di bioetanolo (per esempio dalla canna da zucchero) oltre a biopolimeri come la gomma naturale o l'ambra.

L'ultima tipologia è quella dei biopolimeri ottenuti da combustibili fossili e biodegradabili, per esempio i copoliesteri alifatici-aromatici sono almeno in parte polimeri a base di combustibili fossili ma possono essere degradati da microrganismi. Le applicazioni spaziano dalle pellicole per imballaggio alimentare, alla miscela per la produzione di prodotti di imballaggio compostabili a base di carta, posate, cannucce, e coperchi per il confezionamento di frutta e verdura.

# Bibliografia


Fenichell Stephen, «*Plastic. The making of a Synthetic Century*», Harper business, New York 1996.

Meikle Jeffrey L., *American Plastic: A Cultural History*, Rutgers University Press, New Brunswick, N.J. 1995.

*Modern Plastics Handbook*, a cura di Charles A. Harper, McGraw-Hill, New York 2000.

Mohee R., Unmar G.D., Mudhoo A., Khadoo P., *Biodegradability of biodegradable/degradable plastic materials under aerobic and anaerobic conditions*, «Waste Manag.» 2008; 28(9):1624-9.

Niaounakis Michael, *Biopolymers: Reuse, Recycling and Disposal*, William Andrew publishing 2013.

van den Oever Martien, Molenveld Karin, van der Zee Maarten, Bos Harriëtte, *Bio-based and biodegradable plastic - Facts and Figures*, «Wageningen Food & Biobased Research» n. 1722, aprile 2017; doi: http://dx.doi.org/10.18174/408350.

CAPITOLO 2

# Plastica e ambiente marino

## Più plastica che pesci

Il successo della plastica non è difficile da capire. Rispetto al metallo o al vetro, richiede molta meno energia per essere prodotta e riciclata. Offre un materiale a basso costo, biologicamente inerte, leggero, resistente e plasmabile in molteplici forme per gli usi più svariati. Inoltre la materia prima da cui ricavare la plastica proviene solo dal 4% circa di tutto il combustibile fossile estratto nel mondo. Questo significa che vi è un'enorme capienza per soddisfare la domanda di plastica che nei prossimi anni si prevede aumenterà in maniera esponenziale.

La vera sfida per il futuro sarà quindi la sostenibilità della plastica, che coniughi l'uso responsabile di queste risorse, la riduzione dei rifiuti derivanti, il rispetto del capitale naturale, senza tralasciare il benessere delle generazioni future.

Sì, perché il successo e la crescita del consumo di materie plastiche si sposa con i molti benefici sociali che comportano. Tali materiali sono così diffusi nel nostro quotidiano che non ci si rende conto di quanto siano ormai insostituibili. Il loro uso è diffusissimo nel trasporto – pensiamo a tutte le componenti di treni e autovetture – come nelle costruzioni – dai rivestimenti degli impianti elettrici ai moderni serramenti – dove come isolanti contribuiscono a conservare quantità di energia molto significative. In campo alimentare, poi, gli imballaggi plastici riducono gli sprechi di cibo preservandolo dal deterioramento. Anche nello sviluppo delle energie rinnovabili la plastica gioca un ruolo importante, grazie al suo utilizzo nelle installazioni di energia eolica o nei pannelli solari. Questi sono solo alcuni dei benefici che l'impiego della plastica ha apportato alla nostra vita dal dopoguerra, con un'accelerazione marcata dagli anni Settanta a oggi. Tuttavia, in parallelo a quei decenni di boom produttivo, i pochi e quasi assenti piani per un corretto smaltimento hanno portato all'aumento dell'inquinamento plastico nell'ambiente marino, per arrivare all'odierna esplosione di una vera e propria emergenza planetaria.

Nel 2015 la produzione mondiale annua di resine plastiche ha toccato i 322 milioni di tonnellate, con un'accelerazione impressionante se si considera che nel 1980 la produzione annua era di poco superiore ai 50 milioni di tonnellate. Il dato per essere compreso appieno merita due precisazioni: la prima è che la tendenza generale è verso una maggiore crescita visto che la plastica ha surclassato ogni concorrenza con altri materiali in molteplici settori chiave come l'edilizia e il packaging. La seconda precisazione è che questa crescita è stata superiore a quella attribuibile al solo aumento della popolazione, assumendo il corrente tasso di utilizzo pro capite. Ciò significa che consumiamo più del previsto, specialmente nelle regioni più ricche del mondo, basti pensare che i Paesi asiatici e del Pacifico rappresentano la metà della produzione globale di resine plastiche, e gli Usa e l'Europa occidentale toccano un altro 15-17%.

Delle 322 milioni di tonnellate di plastica prodotte nel 2015 si stima che tra i 4,8 e i 12,7 milioni nello stesso anno siano finite negli oceani, cifra che equivale a 24.000 o 63.000 esemplari di balenottera azzurra, il più grande animale al mondo che può arrivare a pesare anche 200 tonnellate. E si prevede che questa quota di plastica aumenterà di un ordine di grandezza entro il 2025. Nel 2016, secondo dati della Banca Mondiale, la produzione globale di rifiuti solidi urbani (domestici e commerciali) ha toccato i 2 miliardi di tonnellate, e raddoppierà secondo le stime entro il 2025. La metà sarà costituita da materiali non biodegradabili (plastica e metalli). Le ragioni di questa sovrapproduzione di rifiuti risiedono da un lato nella loro sciagurata gestione a terra, e dall'altro in un altrettanto sconsiderato uso quotidiano della plastica, che risulta oggi essere il fattore inquinante maggiore dei mari del pianeta.

Nel 2017 gli studiosi americani Roland Geyer, Jenna R. Jambeck e Kara Lavender Law hanno pubblicato su «Science Advances» un articolo dal titolo eloquente: *Production, use and fate of all plastics ever made* in cui hanno calcolato il totale di tutte le plastiche prodotte dagli anni Cinquanta e il loro uso e destino finale. La produzione globale fino a oggi ammonta a 8,3 miliardi di tonnellate ed è passata dai due milioni di tonnellate del 1950 a circa 400 milioni del 2015. Ma il dato forse più interessante è che di questa quantità, 6,3 miliardi è diventata spazzatura. Solo il 9% della plastica giunta al termine del suo utilizzo è stata riciclata, il 12% incenerita e il 79% accumulata nelle discariche oppure dispersa nell'ambiente, con grave danno visto che i rifiuti plastici rimarranno negli ecosistemi per centinaia di anni. Si stima che almeno 5,55 trilioni di pezzi di plastica siano a galla nei mari e negli oceani del mondo.

Preoccupante è il tasso d'incremento della produzione negli anni più recenti: i calcoli della pubblicazione indicano che negli ultimi tredici anni si è prodotta la metà di tutta la plastica dal 1950 a oggi. Se questo trend non sarà regolato, cambiato e invertito, entro il 2050 la quantità totale di plastica depositata nelle discariche e dispersa nell'ambiente potrebbe ammontare a 12 miliardi di tonnellate. E il problema sarebbe ereditato dalle generazioni future. È molto probabile che oggetti di plastica utilizzati dai nostri nonni e genitori negli anni Sessanta, siano ancora da qualche parte nell'ambiente, in diverse forme e dimensioni e ci rimarranno ancora per molto tempo. E quella bottiglietta di plastica che abbiamo appena buttato, dopo aver bevuto una bibita fresca, ci sopravvivrà.

Se ogni anno in media tra i 5 e i 13 milioni di tonnellate di plastica finiscono in mare, come abbiamo visto, stimando il peso del comparto ittico mondiale, a questo ritmo nel 2050 la quantità di plastica supererà quella dei pesci.

## C'È RIFIUTO E RIFIUTO

In mare non arriva però solo la plastica. I «*marine debris*» (detriti marini) o «*marine litter*» (rifiuti marini) sono definiti generalmente come «qualsiasi materiale di rifiuto solido prodotto o trasformato, tipicamente inerte, che invade l'ambiente marino da qualsiasi fonte» (UN Environment). L'inquinamento marino è definito pertanto come «l'introduzione da parte dell'uomo, direttamente o indirettamente, di sostanze nell'ambiente marino, inclusi gli estuari, con effetti deleteri come danni alle risorse viventi, ostacoli all'attività marina inclusa la pesca, deterioramento della qualità ai fini usufruibili del mare e riduzione dei servizi ecosistemici» (UN Environment). I detriti marini sono dominati da materiali sintetici persistenti, molti dei quali sono materie plastiche. Fino a tempi recenti, era generalmente accettata la convinzione che gli oceani, grazie alla loro estensione geografica, avessero una capacità infinita di assimilare scarti di ogni tipo di attività umana e quindi potessero essere utilizzati come una discarica universale. Del resto per duemila anni a ogni latitudine gli uomini hanno gettato indiscriminatamente i propri rifiuti in fiumi, laghi e acque del mare. Ma si trattava di sostanze per lo più biodegradabili e in quantità assimilabili dall'ambiente. Oggi non è più così. La consapevolezza dei problemi ambientali e gestionali da affrontare in ecosistemi marini si è sviluppata lentamente negli anni Cinquanta, e in poco tempo è stato chiaro che queste azioni non sarebbero state più sostenibili e che in gioco ci fosse la salute degli oceani.

Oggi l'evidenza della gravità del problema è sotto gli occhi di tutti, e nessuno può negarne la natura globale e il suo rapido sviluppo e peggioramento. In alcune aree marine del globo, dette «hot spot», l'accumulo di plastica è così evidente da arrivare a coprire l'80% dei rifiuti marini registrati. Ma questi rifiuti possono essere trasportati dalle correnti anche a distanze remote e in zone inimmaginabili del pianeta come l'Artico. La plastica rappresenta talvolta fino al 95% del totale dei rifiuti che si accumulano sulle coste, sulla superficie del mare e sul fondale marino. Se poi si analizzano gli oggetti abbandonati sulle spiagge, oltre l'80% è costituito da sacchetti di plastica, attrezzature per la pesca, contenitori per gli alimenti e bevande.

I tassi di accumulazione variano ampiamente e sono influenzati da molti fattori come la presenza di grandi città costiere, l'uso delle coste per vari fini, l'idrodinamica e le attività marittime. Come schema generale, i tassi di accumulo sembrano essere inferiori nell'emisfero meridionale rispetto a quello settentrionale. I mari chiusi, come il Mediterraneo o il Mar Nero, possono ospitare alcune delle più alte densità di rifiuti marini sul fondale, raggiungendo più di 100.000 pezzi per $km^2$.

I detriti plastici possono avere origine terrestre ma anche oceanica.

I detriti di origine terrestre, ricollegati ad aree metropolitane e urbane, possono provenire dallo sfruttamento ricreativo e turistico delle coste, da scarichi industriali o di acque reflue, rifiuti abbandonati sulle spiagge, discariche non protette situate vicino alla costa e fiumi, possono essere trasportati dal vento o da perdite accidentali o essere frutto di eventi estremi come tempeste, maree e tsunami.

Questi detriti terrestri di solito comprendono rifiuti industriali e domestici, materiali da imballaggio, bottiglie di plastica e altri contenitori di ogni tipo. Raggiungono il mare attraverso i corsi d'acqua naturali, scarichi delle acque piovane e fuoriuscite di liquami. I fiumi possono trasportare plastica e altri rifiuti anche da lunghe distanze nell'entroterra, come hinterland e sorgenti montane, e dare un contributo rilevante ai detriti marini sulle rive, nelle acque costiere e oceaniche, nei porti e negli estuari.

Anche le fonti oceaniche di rifiuti plastici hanno il loro peso, e comprendono le navi mercantili, da trasporto e diporto, da pesca, da ricerca, le flotte militari, gli impianti offshore come piattaforme e siti di acquacoltura, discariche illegali in mare e catastrofi naturali. Questo genere di detriti sono facilmente identificabili perché coincidono con materiali di scarto della pesca quali reti, lenze, palangari, cassette e scatole di pesce etichettate.

Gli attrezzi da pesca commerciale da soli rappresentano il 5% del totale di detriti trovati nell'oceano, a cui vanno aggiunti un 18% derivanti dalla pesca industriale. Nelle aree con input limitati da altri fonti, gli attrezzi da pesca possono contribuire in maniera quasi esclusiva alla formazione di detriti. Uno studio su fiordi, golfi e canali del Cile meridionale riportava grandi quantità di polistirene espanso utilizzato come dispositivo di galleggiamento in allevamenti di mitili locali e sacchetti per alimenti provenienti da allevamenti di salmoni che suggeriscono come l'acquacoltura svolga un ruolo significativo nella produzione di detriti di plastica galleggianti.

È comunque accettato da parte della comunità scientifica che tra il 70% e l'80% di tutto l'inquinamento marino abbia fonti terrestri. Ed è altrettanto accettata l'analisi che vede nella plastica un problema globale che tocca sia le rive adiacenti ad aree popolate e industrializzate che le isole più remote, lontane da presunte fonti.

Che siano frutto di dispersione intenzionale o involontaria sulle discariche, sul deflusso superficiale dei fiumi in ambiente urbano, o sulle rive fluviali in campagna, i rifiuti plastici finiscono inevitabilmente per affondare sul letto dei fiumi, essere depositati a valle, o infine entrare nell'ambiente marino. È la densità del tipo di plastica che determina la profondità a cui si deposita. Tra le cinque classi delle materie plastiche comunemente usate, i polietileni (PE, ossia bottiglie e contenitori vari), i polipropileni (PP, come pannelli e coperture per auto e lavatrici), e la forma espansa di polistirene (EPS, come i materiali isolanti nell'edilizia), sono meno densi dell'acqua di mare quindi si trovano spesso sulla superficie; mentre altre tipologie come il polivinilcloruro (il PVC di cui sono fatti i tubi idraulici o quelli flessibili da giardino, ma anche le carte di credito) e il polietilene tereftalato (il PET dei flaconi, pellicole e buste per alimenti) sono più densi e affondano nella colonna d'acqua o nei sedimenti. Una delle principali materie plastiche da pesca, il nylon, appartiene anch'essa a questa categoria.

Ma parlare solo di flaconi e buste di plastica galleggianti nel mare sarebbe riduttivo per comprendere la reale entità del problema. I rischi più grandi derivano da micro e nanoparticelle di plastica contenute per esempio in prodotti esfolianti usati dall'industria cosmetica e abrasivi industriali, ma anche nelle microfibre provenienti dal lavaggio di tessuti sintetici che attraverso gli impianti fognari possono finire in fiumi e mare aperto.

## TIPI DI INQUINAMENTO MARINO DA PLASTICA

| POLIMERI | DENSITÀ SPECIFICA* (g/cm³) | COMUNI RIFIUTI MARINI |
|---|---|---|
| Polipropilene (PP) | 0,89-0,91 | Lenze da pesca, corde e galleggianti, flaconi di detersivo, spazzolini da denti, pettini, pellet da preproduzione industriale |
| Polietilene a bassa densità (LDPE) | 0,89-0,94 | Galleggianti da pesca, sacchetti alimentari sottili, bicchieri e contenitori, pellet da preproduzione industriale |
| Acetato di cellulosa (CA) | 1,3 | Filtri di sigarette |
| Polietilene ad alta densità (HDPE) | 0,94-0,96 | Bottiglie per il latte, detersivo per piatti, galleggianti da pesca, secchi e cassette |
| Polietilene tereftalato (PET)<br>Polibutilene tereftalato (PBT) | (PET) 1,29-1,40<br>(PBT) 1,30-1,38 | Bottiglie di acqua e bevande gasate |
| Polivinilcloruro (PVC) | 1,30-1,58 | Giocattoli vinilici, bottiglie di shampoo |
| Polistirene (PS) | 1,04-1,08 | Vasetti di yogurt, vassoi in polistirene per carne e pesce, contenitori per uova, bicchieri dei distributori automatici, posate di plastica, materiali da imballaggio e galleggianti da pesca |
| Policarbonato | 1,2 | Cd, dvd, fanalini di auto, accendini, borracce |

** Densità dell'acqua marina 1,02-1,03 g/mL, dell'acqua dolce < 1,015 g/mL.*

*Fonte*: Takada H., Karapanagioti H.K. (a cura di), *The Handbook of Environmental Chemistry – Hazardous Chemicals Associated with Plastics in the Marine Environment*, Springer, 2019.

## ISOLE DI PLASTICA

Vedremo meglio più avanti in questo capitolo i danni prodotti dalle microplastiche. Intanto è bene conoscere nelle varie aree geografiche del mondo l'entità dei rifiuti plastici e le dinamiche della loro migrazione oceanica.

La quantità annua di rifiuti di plastica «mal gestita» generata dalle popolazioni che vivono entro 50 km dalla costa è stata stimata in 31,9 milioni di tonnellate. Di questi, da 1,1 a 8,8 milioni di tonnellate annue sono generate dai Paesi con un pessimo livello di gestione e conversione dei rifiuti plastici, Paesi capaci di produrre potenzialmente dal 15 al 40% del totale globale di plastica dispersa. Lo studio dei trend di produzione mondiale prevede che in assenza di miglioramenti delle infrastrutture di gestione dei rifiuti, tale quantità andrà aumentando anche di un ordine di grandezza, in seguito alla crescente pressione della popolazione costiera da qui al 2025. Studi basati sui dati della Banca mondiale del 2010 hanno stimato che l'83% dei rifiuti di plastica prodotti nelle regioni costiere e frutto di «cattiva gestione» provenivano da venti Paesi, undici dei quali asiatici, con la Cina al primo posto (1,33-3,53 milioni di tonnellate annue di input di detriti di plastica), seguita dall'Indonesia (0,48-1,29 milioni di tonnellate).

Ma anche in Europa i dati sono drammatici. Alcune stime indicano per esempio che 4,2 tonnellate al giorno di rifiuti di plastica (più di 1500 tonnellate all'anno) vengono introdotti nel mare dal solo Danubio. Dopo due anni di monitoraggio, si è notato che la maggior parte di questi polimeri erano particelle originate dalle industrie di resine plastiche situate lungo il secondo fiume europeo. Nella Senna, uno studio sulla quantificazione dei detriti galleggianti ha riportato che lo 0,8-5,1% del totale raccolto erano di plastica, per la maggior parte di polipropilene e polietilene. Per il Tamigi, un breve periodo di campionamento ha riportato circa 8.500 frammenti in plastica.

Non è solo l'attività umana a essere responsabile dello sversamento di rifiuti plastici nei fiumi e quindi negli oceani. C'è anche un agente naturale capace di trasportare grandi quantità di rifiuti e detriti di ogni sorta negli oceani: sono le inondazioni, i cicloni e gli tsunami. Diversi studi hanno dimostrato che le alluvioni dei fiumi di grande portata sono responsabili di enormi masse di detriti nelle acque costiere. Lo tsunami del 2011 in Giappone è il primo evento che ha stimolato gli sforzi di ricerca in tal senso. Quel terremoto ci ha insegnato che per quanto sporadici tali eventi catastrofici possono introdurre enormi volumi di plastica e detriti in aree di solito poco inquinate, possono anche causare la perdita di tonnellate di strutture artificiali colonizzate da organismi costieri locali (galleggianti, boe, corde, barche, eccetera) trasportate dalle correnti a grandi distanze.

Quando entra negli oceani la plastica non si degrada mai completamente e può dirsi che non ci sono comparti biologici che non ne subiscano l'impatto.

Una volta che i polimeri sintetici entrano negli oceani inizia il loro processo di frammentazione che è lungo e di basso tenore, vista la persistenza dei materiali, e per questo può durare per centinaia di anni, di più in mare aperto, molto di più nei fondali. I polimeri leggeri come il polietilene o polipropilene galleggiano, altri ad alta densità quali il polietilene tereftalato affondano, comportando così una grossa complessità e difficoltà gestionale e di comprensione delle problematiche della plastica in mare.

La plastica, in tutte le sue forme e dimensioni ha effetti negativi sul biota marino: scomposta in dimensioni microscopiche diventa substrato per microrganismi come invertebrati e addirittura microbi, e si ammassa diventando un grosso «plastiglomerato». Gli studi sui fondali dei mari del mondo stanno mostrando la triste realtà: sono diventati discariche di plastiche depositate sul fondo, mentre ovunque negli oceani si registra un aumento delle microplastiche in termini assoluti, sebbene in tonnellate le macroplastiche restino preponderanti. Gli effetti e le interazioni di questo fenomeno rimangono ancora da studiare.

Le plastiche galleggianti costituiscono la frazione di detriti nell'ambiente marino che viene trasportata dal vento e dalle correnti sulla superficie del mare ed è quindi direttamente correlata ai percorsi dei rifiuti negli oceani. I rifiuti galleggianti vanno alla deriva fino a quando non affondano sul fondo marino oppure si depositano sulla riva o si degradano nel tempo. Mentre la presenza di oggetti antropogenici sulla superficie degli oceani è stata segnalata già da diversi decenni, l'esistenza di zone di accumulo dei detriti marini galleggianti, i famosi *gyres* oceanici ossia le convergenze di plastica nel Pacifico e negli altri oceani, sospinte da correnti circolari, ha solo recentemente guadagnato la ribalta mediatica in tutto il mondo. Sono le «isole di plastica» che vedremo più avanti.

Nonostante si parli sempre di cinque *gyres*, in realtà ne esistono undici: due subpolari sotto il Circolo polare artico, tre nelle acque artiche, quello circumpolare intorno all'Antartide e i cinque subtropicali. Questi flussi idrodinamici, insieme a tendenze stagionali e variazioni degli input antropogenici, influenzano la variabilità spaziale dei detriti plastici.

I *gyres* subtropicali sono sistemi su larga scala di correnti superficiali azionate dal vento, che grazie all'effetto di Coriolis scorrono in senso antiorario nell'emisfero sud e in senso orario nel nord, creando movimenti ciclonici atmosferici e oceanici. Accumuli di detriti di plastica sono stati osservati a livello regionale nel sud Pacifico, Sud Atlantico, Baia del Bengala, circumnavigando l'Australia, l'Oceano meridionale, il Mar Mediterraneo, il Pacifico settentrionale e il Nord Atlantico.

## DAL MEDITERRANEO ALL'ANTARTIDE

Ma i dati che stanno arrivando dalle ricerche dimostrano che la quantità di plastica nel Mar Mediterraneo è dello stesso ordine di grandezza di quella degli altri mari e pone il problema molto più vicino a noi di quanto si pensasse fino a poco tempo fa.

Il Mediterraneo sopporta una delle maggiori densità di rifiuti plastici a causa della combinazione di coste densamente popolate, della navigazione nelle acque costiere e del flusso di marea trascurabile. Inoltre, il Mediterraneo è un bacino chiuso con un limitato scambio d'acqua attraverso lo stretto di Gibilterra.

Si tratta di un mare molto particolare perché la circolazione costante impedisce l'accumulo permanente di rifiuti marini, che per lo più si depositano sul fondo dei bacini occidentali e orientali. Il fenomeno potrebbe dipendere dal fatto che nel Mar Mediterraneo occidentale confluiscono le grandi masse d'acqua dall'Oceano Atlantico e nel Mar Mediterraneo orientale le correnti non sono abbastanza forti da far retrocedere le masse di plastica.

Uno studio ha calcolato che la media di rifiuti marini nel Mar Mediterraneo è compresa entro i venticinque metri di profondità. La plastica a questa quota ha rappresentato il 52% (che equivale a 4749 frammenti per $km^2$) del totale di rifiuti raccolti.

Nel Mediterraneo la plastica è diffusa nella piattaforma continentale di tutti i paesi rivieraschi superando in alcune aree («punti caldi») l'80% dei rifiuti marini. Le registrazioni effettuate nel Golfo del Leone, nel sud della Francia, hanno appurato presenza di materie plastiche fino al 77% del totale di rifiuti, nella costa catalana raggiungono il 60% mentre nella costa di Murcia, nel sud della Spagna, l'84%.

Anche il Mediterraneo centrale soffre per un'alta percentuale di materie plastiche, circa l'87% del totale dei rifiuti (5200 frammenti per km$^2$). Percentuali relativamente elevate di plastica (77%) sono state trovate in Corsica, più ridotte nelle isole maltesi (47%) e ancor meno nel Mare Adriatico del nord e centrale (24 e 62%).

Il Mediterraneo orientale è il compartimento meno studiato dei tre. Si è trovata plastica al 36% durante una grande indagine al largo di Italia, Grecia, Egitto, Cipro e Israele, con la densità media dei rifiuti marini che va da 200 a 8.500 frammenti per km$^2$.

L'uso di strumenti di osservazione ha aiutato gli scienziati a estendere la valutazione dei rifiuti marini ben oltre le zone di pesca comunemente utilizzate (fondali sabbiosi) e la piattaforma continentale, raggiungendo la profondità di quattro km negli ambienti abissali.

La prima valutazione dei rifiuti marini nelle acque profonde del Mediterraneo è stata fatta nel 1995 nel Canyon di Marsiglia-Nizza (1623 frammenti per km$^2$) e già allora le materie plastiche erano all'86% del totale. Oggi, dati simili sono disponibili anche per il Mediterraneo occidentale con percentuali che vanno dal 12% all'86%, mentre nel Mediterraneo centrale i tassi di presenza della plastica variano dall'82 al 93% (con un range nel Mar Tirreno che oscilla dai 30.000 ai 120.000 frammenti per km$^2$). Nell'Oceano Atlantico orientale, adiacente all'Europa, nel canyon sottomarino di São Vicente (Portogallo), la percentuale di plastica ha superato il 90%, nel canyon di Lisbona l'86%, mentre nei canyon Setubal il 30%, Cascais il 54% e Nazaré il 25%.

Sta quindi diventando evidente che le materie plastiche sono onnipresenti dall'acqua bassa alla piattaforma continentale fino alle piane abissali, e in tutti i bacini marittimi, non si salva dal problema nessun ambiente marino, persino le aree più remote del pianeta come l'Artico e l'Oceano Antartico.

È chiaro da questi dati che in tutti i fondali marini, con una distribuzione spaziale eterogenea, si trova un'enorme quantità di rifiuti stimata approssimativamente fra i 71,5 e i 116 miliardi di grandi oggetti di plastica. È importante notare che queste cifre non prendono in considerazione le piccole particelle di plastica che si accumulano nei sedimenti del mare profondo. Il carico globale di queste microplastiche, con una dimensione inferiore a 4 mm, è stato stimato in 35.500 tonnellate di detriti galleggianti, che si ipotizza equivalgano a 4850 miliardi di particelle. Pertanto, si ritiene che gli abissi marini siano l'ultima discarica globale per i rifiuti.

Si consideri, inoltre, che oggi molti dei dati esistenti sui rifiuti dei fondali marini provengono da indagini condotte da pescherecci a strascico commerciali o sperimentali, dall'Artico ai principali oceani, al Mar Nero, ai mari del nord europeo e al Mediterraneo.

In generale, la presenza di detriti di plastica è stata segnalata in modo significativo in tutte le regioni degli oceani del mondo con una media che va dall'88% al 93%. Tuttavia le due regioni oceaniche dell'emisfero settentrionale contengono più della metà della massa plastica fluttuante globale, tra il 49% e il 54% di microplastiche e quasi il 57% includendo anche le macroplastiche, con un peso di 152.870 tonnellate (96.400 tonnellate per il Nord Pacifico e 56.770 tonnellate per il Sud Pacifico).

Nell'Oceano Pacifico orientale, le materie plastiche hanno rappresentato il 26% nella costa dell'Oregon, il 46,5-59% nell'isola di Kodiak (Alaska) e il 51% nel Mare di Bering. Nell'Oceano Pacifico occidentale, le materie plastiche hanno oscillato tra il 42 e l'86% nel Mar Cinese Meridionale, il 51% della Baia di Tokyo, mentre nel Mar Cinese orientale e nella Corea del Sud le materie plastiche variano tra il 5 e il 10%.

Nonostante l'emisfero australe abbia una densità della popolazione costiera e un traffico marittimo molto più bassi della parte settentrionale, la densità dei rifiuti plastici è molto alta, il che suggerisce che l'inquinamento plastico si sposti facilmente lungo le autostrade del mare.

Per questo la «modellizzazione» – ossia la simulazione delle correnti oceaniche tramite modelli matematici – potrà aiutare a identificare percorsi e aree di accumulo, consentendo in tal modo l'attribuzione delle fonti e le origini. Si è già notato tramite questi modelli che le plastiche si possono accumulare lungo le gole, nei canyon e nei mari chiusi. Questi modelli, oltre che avere uno scopo pratico per il monitoraggio dell'impatto stesso, per lo studio dei percorsi e per le previsioni future, aiutano a migliorare la gestione dei rifiuti da parte delle autorità locali. Ci si può aspettare che le concentrazioni e i modelli di distribuzione dei detriti marini galleggianti possano mutare in base ai cambiamenti climatici.

## La «plastificazione» dei fondali

I rifiuti di plastica oltre che rimanere in superficie, possono affondare, depositarsi ed essere quindi seppelliti nella sabbia, nel fango, nel limo dei vari fondali marini, dalle spiagge alle alte profondità oceaniche. È vero che una busta di plastica galleggia ma un accendino o un qualsiasi oggetto che risulti negativo al galleggiamento sarà spesso perso per sempre nell'ambiente. Altri rifiuti plastici, anche se leggeri e a bassa densità come il polietilene e il propilene, possono agglomerarsi e per effetto delle incrostazioni dei microrganismi, aumentano di peso e finiscono per affondare. Altri rifiuti, sebbene leggeri, possono incontrare correnti di *downwelling* che partono dalla superficie e vanno verso il fondo, rimanendo per sempre intrappolati nei fondali. In generale, i rifiuti di plastica che s'insediano nelle profondità oceaniche in aree diverse da quelle investite da forti correnti sono condannati alla sepoltura permanente, accumulandosi lentamente nei sedimenti fangosi. Quando i teli di plastica rimangono nei fondali, per esempio, possono inibire lo scambio dei gas tra le acque interstiziali del fondale e gli strati di mare sovrastante. Questo può indurre anossia e ipossia in sedimenti ricoperti influendo così sulla composizione della fauna e della vegetazione delle comunità bentoniche.

Gli scienziati chiamano questo fenomeno «plastificazione» dei fondali. Poco ancora si sa sulle conseguenze ambientali di tali perdite, che comunque rimangono considerevoli. La presenza o l'abbondanza di detriti antropogenici sul fondale marino e i loro impatti, sono molto meno studiati rispetto a quelli in superficie, nonostante il grande interesse scientifico dei fondali e il fatto che occupino un ampio areale (cioè l'area in cui vive una specie). Il valore reale della plastica nei fondali è quasi sicuramente sottostimato. Anche in questo caso l'accumulo dipende dall'idrodinamica, dalla geomorfologia e dai fattori umani o da variazioni stagionali.

I grandi fiumi sono responsabili di un notevole apporto di plastica sul fondo del mare. Grazie alla loro ampia portata sono in grado di trasportare i detriti ben lontano dalle coste, in alto mare. I fiumi più piccoli, invece, possono anche fungere da pozzo, da deposito, quando correnti deboli facilitano la deposizione sulle rive. Inoltre, i rifiuti possono accumularsi a monte dei fronti di salinità che fungono da ostacolo. Generalmente, la densità dei rifiuti è più alta nei mari costieri, anche a causa del contributo fluviale. La plastica del fondo tende a rimanere intrappolata in aree a bassa circolazione dove c'è maggior accumulo di sedimenti: nelle baie e nelle lagune delle barriere coralline. Sono i luoghi dove si accumulano anche grandi quantità di reti da pesca. Gli studi sui fondali suscitano notevole preoccupazione poiché i tassi di degradazione della maggior parte dei polimeri in ambienti di acque profonde sono considerati ancora più lenti a causa della scarsa quantità di luce e di ossigeno, e delle basse temperature, come vedremo più avanti.

## Indigestione di plastica

La prima registrazione di una vittima di quello che in ambito scientifico si chiama *entanglement* (incastro, aggroviglio, intreccio), risale al 1931 e riguardava il caso di uno squalo intrappolato in uno pneumatico.

Tre sono le modalità attraverso cui la plastica può danneggiare o uccidere organismi marini: può attorcigliarsi attorno e imprigionare i loro corpi, essere ingerita o occupare substrati a livello di superficie o fondali oceanici.

Le prime osservazioni sull'impatto delle plastiche in mare e sugli animali marini risalgono alla seconda metà degli anni Sessanta. La letteratura scientifica riporta già nel 1966 il ritrovamento di materiali plastici nello stomaco di settantaquattro pulli di albatri morti alle Hawaii. Nei successivi anni Settanta e Ottanta, ulteriori ricerche e pubblicazioni registrarono diversi casi di uccelli marini morti per ingestioni di plastiche a diverse latitudini, dalla Nuova Zelanda al Canada. Dagli uccelli marini si passò a foche, trichechi e tartarughe. Le prime balene spiaggiate e morte per aver mangiato plastica sono state ritrovate a metà degli anni Settanta.

Per quanto tra la fine degli anni Sessanta e gli Ottanta si assista a un aumento considerevole di pubblicazioni riguardo l'impatto evidente e nocivo della plastica sulla fauna marina, per molto tempo è rimasta una letteratura sottotraccia, quasi osteggiata e talvolta derisa da istituzioni miopi. Quest'atteggiamento ha provocato un ritardo di quarant'anni sia nella presa di coscienza collettiva, sia nell'adozione delle prime misure di contenimento. Abbiamo dovuto aspettare la scoperta e la denuncia mondiale da parte di Charles Moore della prima concentrazione di plastica, la Great Pacific Garbage Patch, erroneamente chiamata isola di plastica, nell'Oceano Pacifico settentrionale, dove le correnti oceaniche a spirale che lì convergono hanno creato un accumulo enorme di spazzatura di varie origini. Sebbene il mondo scientifico americano avesse già previsto l'accumulo nel 1988, si sono dovuti aspettare altri tredici anni per cominciare a rendersi conto a cosa si stava andando incontro, perdendo altro tempo prezioso.

Dalla prima denuncia del 2001, altre convergenze e altri accumuli superficiali si sono scoperti: almeno altri sei nei grandi oceani, altri nel Mediterraneo e ancora siamo in attesa di ulteriori studi.

Uccelli marini, tartarughe, foche, squali, cetacei, ma anche pesci e invertebrati sono le prime vittime dei marine litter, cioè i rifiuti che galleggiano sulla superficie dei mari, oppure abbandonati sul fondale, come le reti da pesca, fenomeno chiamato «pesca fantasma». E sono quelle che influenzano di più l'opinione pubblica poiché la sofferenza è più evidente e tocca di più le nostre corde emotive.

Di tutti gli impatti biologici dell'inquinamento da plastica, la minaccia più seria per la conservazione delle singole specie e il funzionamento di ecosistemi marini è l'ingestione di plastiche, perché colpisce tutte le specie. I detriti plastici sono scambiati per cibo e prede. Le buste di plastica sono scambiate dalle tartarughe per meduse, i tappi colorati per molluschi dagli uccelli marini. Altri oggetti incriminati sono tra i tanti le corde, i palloncini per le feste, i teli di plastica per l'agricoltura, i contenitori, i famosi anelli di plastica delle confezioni da sei di lattine.

L'impatto più evidente dell'ingestione di plastica è il danno fisico, perché una volta ingeriti i pezzi possono ostruire, ferire o perforare lo stomaco o l'intestino, o bloccare il tubo digerente. In casi estremi, la plastica raggiunge il tratto urinario delle tartarughe, per esempio, rompendo la vescica. Grandi quantità di plastica ingerita possono influenzare la galleggiabilità di un animale, sia direttamente attraverso la sua bassa densità, sia alterando la funzione digestiva che porta all'accumulo di gas. Per le tartarughe, per esempio, non riuscire a immergersi vuol dire non poter svolgere la normale attività di procacciamento di cibo ed essere condannate alla morte per fame.

Un'altra conseguenza disastrosa dell'accumulo di grandi volumi di plastica nello stomaco delle specie marine, dagli uccelli ai cetacei, è che crea negli animali un falso senso di sazietà, che riduce il loro appetito e quindi riduce lo stimolo all'assunzione di cibo. Inoltre la plastica ingerita, in base alla quantità e alla tipologia, può rallentare la velocità di digestione, e di fatto causare la morte dell'animale per disidratazione, per assenza di nutrienti e per inedia, oppure creare ulcere nell'apparato digerente. In alcuni casi l'accumulo di plastica nello stomaco può causare danni su importanti capacità fisiche, quali la riproduzione, che sebbene non causino mortalità diretta tra gli individui possono colpire indirettamente la specie.

Due sono le modalità attraverso cui può avvenire l'ingestione di plastica da parte degli animali marini. Quando i frammenti di plastica vengono consumati direttamente, perché percepiti come prede, si parla di «ingestione primaria». L'assunzione indiretta tramite prede a loro volta inquinate o filtrando volumi d'acqua contaminati è chiamata «ingestione secondaria». Data la recente attenzione per le microplastiche e il loro possibile ruolo nel trasferimento di inquinanti organici persistenti (POP) attraverso le reti alimentari marine, l'ingestione secondaria sta ricevendo un crescente interesse.

Tuttavia, non è facile discriminare tra le materie plastiche ingerite direttamente e quelle già presenti nelle prede. Questo perché quando non viene scambiata per prede o assunta indirettamente, la plastica può essere ingerita accidentalmente, e ciò accade indistintamente a molte specie, dai cosiddetti «filtratori» (per esempio specie di balene, balani, cozze) ai «detritivori» (come i cetrioli di mare, che possono consumare plastica e altri detriti marini all'interno della gamma di dimensioni delle loro prede bersaglio). La probabilità d'ingestione accidentale può aumentare quando la plastica è direttamente associata alle prede. Per esempio, l'albatro codacorta nel nord Pacifico spesso mangia uova di pesce attaccate a plastica galleggiante.

Per molti raggruppamenti di specie tassonomicamente simili di vertebrati (taxa) sembra che la maggior parte della plastica venga ingerita deliberatamente per confusione con le proprie prede. Tale comportamento è stato osservato direttamente con fotografie di uccelli e tartarughe che si nutrono di polimeri in mare o dedotto da segni di morsi su detriti di plastica. Spesso, però, l'ingestione deliberata è stata desunta dalla composizione di plastica ingerita.

Le osservazioni hanno dimostrato che alcuni uccelli marini e tartarughe selezionano le plastiche in base al colore e alla tipologia. Gli uccelli marini tendono a ingerire preferenzialmente articoli in plastica colorata, rispetto agli oggetti grigi o neri, specialmente quelli rossi e arancioni. Le tartarughe, per esempio, sembra che preferiscano oggetti di plastica flessibili, presumibilmente perché assomigliano al loro cibo preferito, le meduse, e altri organismi gelatinosi.

La maggior parte degli studi sull'ingestione di plastica

fino a oggi si è concentrata sul consumo di meso e macroplastiche. In linea di principio tali frammenti sono facili da rilevare in quanto rimangono confinati nel tratto digestivo. La plastica tende a presentarsi nello stomaco di uccelli e mammiferi marini e solo occasionalmente si trova nell'intestino, mentre è vero il contrario per le tartarughe. Questo genere di analisi autoptiche può essere fatto chiaramente sui cadaveri di animali ritrovati casualmente.

Esiste tuttavia un'altra opzione per campionare la plastica ingerita senza essere invasivi. Si possono studiare le parti indigeste delle prede che alcune specie rigurgitano (per esempio albatri, gabbiani, sterne), o si possono esaminare i campioni fecali alla ricerca di residui plastici. Una variante di questo approccio è quella di indurre gli animali a rigurgitare o espellere detriti ingeriti. Lo sviluppo di tecniche di lavaggio dello stomaco per gli uccelli marini ha rivoluzionato il campionamento non invasivo dell'apparato digerente di uccelli marini e può essere utilizzato per la ricerca di oggetti di plastica ingeriti.

La probabilità d'ingestione dipende dal tipo di animale, dalla sua età e dalla sua condizione fisica.

Il rischio di esposizione all'ingestione di plastica per tutti gli organismi marini è cresciuto negli ultimi trent'anni a livelli impressionanti: in pratica se aumenta la quantità di plastica riversata nei mari e, vista la sua durata, vi permane a lungo, cresce di tanto anche il tempo e la probabilità di esposizione di ogni animale. Alcuni dati di questo aumento rendono l'idea dell'escalation del fenomeno.

Negli ultimi vent'anni, il numero di vertebrati nei cui stomaci è stata riscontrata plastica è aumentato del 63%, con un forte incremento nel numero di specie colpite tra i pesci (da 33 a 92 specie) e mammiferi marini (da 26 a 62 specie); a questi vanno aggiunti uccelli marini (passati da 111 a 164 specie) e tartarughe marine (da 6 a 7 specie).

La plastica si trova più spesso negli uccelli marini che si nutrono in superficie con diete generaliste; al contrario le specie d'immersione profonda con diete più specializzate tendono a ingerirne meno frequentemente. Le specie di uccelli marini di piccola taglia risultano più esposte all'ingestione di residui plastici rispetto a quelle di grandi dimensioni, forse perché le piccole specie hanno diete più generalizzate. La plastica potrebbe anche essere ingerita di più quando il cibo naturale è scarso o quando gli animali sono in cattive condizioni di salute.

Tutte le specie di tartarughe marine sono particolarmente vulnerabili durante le fasi iniziali della loro vita, quando sono pelagici e si nutrono in gran parte di meduse.

L'ingestione di plastica è causa ben nota della mortalità nelle tartarughe, principalmente perché causa il blocco del tratto digestivo e per la falsa sazietà che induce. Questi impatti sono particolarmente preoccupanti data l'ampia gamma di minacce affrontate dalle tartarughe marine a livello globale e il loro scarso stato di conservazione.

Si sa molto poco sull'ingestione in situ della plastica da parte degli invertebrati marini. Tuttavia, tassi d'ingestione preoccupanti sono stati registrati in aree dove ci sono alte concentrazioni di microplastica. Nelle acque costiere al largo della Scozia occidentale, l'83% delle aragoste campionate conteneva fibre e altri materiali plastici, apparentemente ingeriti accidentalmente insieme al loro cibo.

## Reti, sacchi e lacci mortali

Come anticipato all'inizio del paragrafo precedente, la grande quantità di rifiuti abbandonati sulle rive o galleggianti sulla superficie e sui fondali dei mari produce gravi conseguenze, a volte mortali per la vita degli animali marini perché ne impedisce il movimento. Tartarughe, uccelli, pesci, mammiferi, possono finire imprigionati in reti di pescatori, lacci, elastici arrotolati intorno ai musi, ai becchi, alle zampe, alle ali, ai colli e alle pinne, oppure tali oggetti possono otturare le vie aeree. Il volo, il nuoto, l'assunzione di cibo ne vengono limitati e la morte sopraggiunge per soffocamento, annegamento, fame e indebolimento degli organismi. Non ci sono molte possibilità di salvezza per l'animale che rimane incastrato e spesso può diventare facile preda di altri animali. Ne sono colpiti quasi tutti gli organismi del mare: dalle balene nell'Artico alle foche nell'Oceano Antartico, dalle sule in Spagna, ai polpi in Giappone e ai granchi in Virginia. Molti pesci, tra cui anche squali, sono stati trovati con oggetti di plastica attorcigliati sul corpo tanto che ne impedivano l'apertura della bocca e la ventilazione branchiale. Chi sopravvive a questi grovigli, può rimanere ferito o permanentemente invalido o amputato.

Anche sulle coste i rifiuti plastici hanno impatti le cui conseguenze sono ai più inimmaginabili. Sulle spiagge scelte dalle tartarughe marine per nidificare, l'inquinamento da plastica può impedire alle femmine di scavare un nido appropriato, così come alla schiusa delle uova può rendere difficile raggiungere l'acqua ai piccoli, che quindi muoiono prima di vedere il loro agognato mare. Le temperature del sito possono cambiare per la presenza delle plastiche sulla superficie, diminuendo la diffusione termica, il che avrà un impatto sul periodo d'incubazione e porta a cambiare il sesso dei nascituri, generando più maschi.

Molte specie di uccelli marini usano fili, corde e lacci di plastica per costruire nidi, aumentando così il rischio di ingestioni pericolose o d' intrecci alle zampe di adulti e pulcini. Diversi studi hanno dimostrato, inoltre, che gli esemplari più giovani delle varie specie di volatili marini sono più colpiti dai danni derivanti dalla plastica. Ciò potrebbe in parte essere spiegato dalla consegna parentale di cibo tramite il rigurgito. Per altre specie, sebbene non sia chiaro il motivo, si ipotizza che questo divario dipenda dall'inesperienza nella selezione delle prede. In ogni caso, la mortalità precoce derivata in un modo o nell'altro dalla plastica produce gravi effetti deleteri a livello delle popolazioni, non ultimo la deformazione dei corpi durante l'accrescimento se l'organismo si è ritrovato intrappolato nella fase giovanile. È stato calcolato oggi che circa 700 specie di animali marini siano in pericolo a causa di questi effetti diretti.

In mare aperto, il problema è rappresentato dalle reti da pesca. Nelle loro maglie più o meno larghe restano impigliati pesci di ogni dimensione, dai cetacei agli squali, dai delfini ai mammiferi marini. Le reti, purtroppo, continuano a produrre danni anche quando vengono abbandonate dai pescatori, oltre al fatto che impattano i fondali. Più sono funzionali nel tempo per le operazioni da pesca, meno sono soggette alla degradazione e all'usura. Dalla metà degli anni Quaranta, l'intero settore della pesca è passato da manufatti di fibre naturali, facilmente biodegradabili in mare, a fibre sintetiche. Lunghe sezioni di reti in nylon possono essere perse durante la pesca, affondate perché danneggiate o abbandonate intenzionalmente, per esempio durante le operazioni di controllo da parte delle autorità marittime in aree soggette a restrizione. Una volta nel fondale marino queste reti permangono a lungo, dimostrando di essere ottime per l'uso per il quale sono state progettate: elevata resistenza all'umidità. Questa pesca indiretta a opera delle reti abbandonate, viene chiamata «pesca fantasma». Il suo impatto sulla fauna ittica dipende anche dalla scarsa visibilità in acqua delle reti stesse che permette una maggiore cattura ma finisce per essere poi una trappola per altri animali dopo l'abbandono. L'impatto della «pesca fantasma» dipende da dimensioni e struttura delle reti e da come si dispongono sui fondali: se rimangono aperte mieteranno più vittime.

Non è solo la fauna marina a subire gli effetti di reti, teli e grosse plastiche: anche la flora viene intaccata e le cause del danno possono essere il soffocamento e l'erosione.

È stato notato che grandi quantità di rifiuti possono ostacolare i tentativi di riabilitare le foreste di mangrovie impoverite in Papua Nuova Guinea attraverso il soffocamento delle piantine. Nella zona intertidale, ossia quella vicina al litorale e soggetta alle maree, il peso e gli effetti di ombreggiatura dei detriti possono schiacciare la delicata vegetazione delle paludi salmastre o ridurre i livelli di luce necessari per la crescita. L'equilibrio di questi ecosistemi costieri è delicato, per cui con una minor luce si riducono i tassi di fotosintesi e le conseguenze possono essere un «invecchiamento» della biomassa e un impoverimento della biodiversità.

I teli di plastica, le lenze intrecciate, gli attrezzi da pesca abbandonati e i grandi teli agricoli possono danneggiare anche le splendide colonie costiere di coralli, spugne e gorgonie. Da un punto di vista meccanico, se trascinate sul fondale marino queste grosse plastiche possono asportare ampi frammenti di coralli ma anche causarne necrosi o infezioni. Quando spessi teli di plastica si depositano sul fondale i sedimenti diventano anossici, cioè perdono l'ossigeno a causa della riduzione degli scambi gassosi con l'acqua sovrastante, alterando la comunità infaunale, che si trova all'interno del substrato, e riducendo così la materia organica.

## RELITTI DI PLASTICA E SPECIE «AUTOSTOPPISTE»

Un aspetto della vita della plastica in mare poco sottolineato nel dibattito pubblico riguarda il fatto che quando entra nell'oceano, come ogni relitto marino o come molte strutture galleggianti ancorate nelle acque costiere, viene immediatamente colonizzata da una grande varietà di organismi marini.

Il relitto marino può essere classificato secondo la sua natura – abiotica, cioè di origine non organica, o al contrario biotica – e la sua origine, naturale o antropogenica. I relitti biotici comprendono macroalghe, resti di animali o carcasse, legno e altre parti di piante terrestri come semi. Il relitto abiotico di origine naturale consiste principalmente di pomice vulcanica e ghiaccio. I supporti di origine antropogenica includono ogni tipo di materiale scartato: legno prodotto, avanzi di frutta ma la stragrande maggioranza dei resti dell'attività umana è abiotica e comprende qualsiasi oggetto artificiale in mare.

I rifiuti galleggianti derivanti da attività marittime comprendono boe distaccate, attrezzi da pesca dismessi, blocchi di moli e infrastrutture portuali. Questi oggetti di solito hanno trascorso lunghi periodi di tempo nell'ambiente marino e quindi spesso ospitano un biota incrostante esteso e riproduttivamente attivo.

La colonizzazione di questi relitti può verificarsi ancor prima che si frammentino, come nel caso delle boe della pesca e le attività di acquacoltura.

Alcuni dei più comuni colonizzatori di substrati galleggianti sono i cirripedi, sottospecie di crostacei incapaci di muoversi e che si aggrappano rapidamente su qualsiasi oggetto disperso in mare, tra cui macroalghe, legno, pomice vulcanica e detriti di plastica. Molti altri organismi sessili (alghe, coralli, ostriche, briozoi) sono stati segnalati sui rifiuti galleggianti di plastica.

Moltissimi di questi rifiuti, sospinti da correnti e venti si accumulano fino a formare aggregati e sistemi frontali. Qui, detriti e oggetti galleggianti di origine naturale (alghe, legno, pomice) si mescolano in chiazze intricate o in file di deriva. Nelle acque oceaniche povere di nutrienti quali quelle subtropicali, queste agglomerazioni di vari materiali fluttuanti sono vere oasi che forniscono habitat e cibo per molti organismi e anche animali di grandi dimensioni, che si aggregano spesso attorno o sotto grandi oggetti di plastica: delfini, tartarughe marine, pesci, eccetera. I motivi per i quali questi animali circondano oggetti galleggianti e si disperdono su lunghe distanze oceaniche possono essere tanti: dal servire come rifugio, o punto di incontro per i pesci solitari o per la ricerca di cibo.

E infatti questi aggregati di plastica e materiali vari servono da catalizzatore per più interazioni nella catena alimentare oceanica.

Partendo dagli strati più bassi si va dalle micro e macroalghe, ai «sospensivori» come i cirripedi, gli idrozoi (che comprendono la famiglia di polipi e meduse) e i briozoi (organismi coloniali sessili), che a loro volta attirano numerosi altri predatori più grandi. Studi condotti dal Nord Atlantico occidentale al Sud Pacifico e a latitudini più elevate hanno generalmente dimostrato che i briozoi, con oltre sessanta specie identificate, sono numericamente e spazialmente gli organismi incrostanti dominanti nei relitti di plastica pelagica. Altri gruppi censiti includono: serpulidi, cirripedi, molluschi bivalvi, alghe coralline e foraminiferi. Nel caso di manufatti di plastica vaganti e ormeggiati la comunità di organismi ospiti include alghe, idroidi con spugne minori, ascidie e anemoni di mare. Questi organismi opportunisti ne attirano altri, quali «predatori» o «pascolatori», (come le patelle o le salpe che raschiano alghe dagli scogli o dai fondali). Entrambe le categorie formano il biota mobile caratterizzato da granchi, anfipodi, gasteropodi, vermi policheti ed echinodermi.

L'insieme di questi organismi sessili (cioè ancorati a un substrato), che va dalle alghe ai briozoi e i mitili, forma il cosiddetto *fouling*, ossia le colonie che incrostano tutte le strutture artificiali immerse, dai pontili, alle carene delle navi, ai detriti di plastica. Le quantità crescenti di questi ultimi servono anche come siti di attaccamento per uova di molti pesci e invertebrati.

Quando queste strutture artificiali si staccano e vanno alla deriva in mare aperto, gli organismi costieri attaccati vengono trasportati dalle correnti oceaniche su queste «zattere» galleggianti. Nel loro viaggio, a loro volta queste colonie saranno colonizzate da altre comunità e viaggiatori oceanici.

Questi supporti mobili permettono quindi lo spostamento di specie «aliene», a guisa di autostop, verso ecosistemi anche molto distanti dall'origine. Lo spostamento può essere orizzontale in superficie o verticale lungo la colonna d'acqua, grazie a venti e correnti. Il fenomeno è globale e può provocare effetti deleteri nelle comunità finali.

Una volta giunte in un nuovo habitat, queste specie possono, grazie a una massiccia crescita della popolazione in assenza dei diretti predatori, invadere nuovi ambienti e superare in numero le componenti originali del nuovo ecosistema.

La diversità e la ricchezza delle specie epibionte, cioè che vivono attaccate a organismi viventi, in questo caso sui detriti marini, varia latitudinalmente, essendo maggiore nelle regioni equatoriali e minore nelle acque polari. Le pubblicazioni scientifiche riportano fino a un totale di 387 taxa «autostoppisti» finora ritrovati sui rifiuti marini. Si possono incontrare specie caratteristiche di fondali rocciosi con altre tipiche del mare aperto oppure con quelle classiche degli estuari. Molte specie sono in grado di passare tutto il loro ciclo vitale, o parte di esso, tranquillamente alla deriva. Così i taxa con stadi larvali di breve durata possono sopravvivere a grandi distanze dalle loro solite nicchie ecologiche. È possibile trovare briozoi della costa brasiliana in Florida, oppure molluschi indo-pacifici in Nuova Zelanda. Simili osservazioni preoccupano la comunità scientifica perché la plastica alla deriva, sotto effetto delle correnti e dei venti, potrebbe svolgere un ruolo diretto nell'introduzione di specie aliene esotiche o aggressive, che in ecosistemi litoranei in cui non hanno predatori naturali produrrebbero conseguenze ambientali potenzialmente dannose.

Non ultimo, sui grandi accumuli di plastica possono viaggiare macrospecie come felini, mustelidi e roditori che possono mettere a repentaglio le piccole isole remote.

Qualche esempio per dimostrare la grande efficienza di questi autostoppisti opportunisti: dopo un lungo viaggio dalle coste statunitensi, sono stati trovati alcuni cirripedi arenati in Irlanda e in Galles. Studi condotti nei Paesi Bassi riportano un corallo di barriera morto, arrivato con il rafting dai Caraibi. Il più grande relitto usato come rafting su lunga distanza è stato un pezzo di 188 tonnellate di un ex bacino portuale divelto durante lo tsunami in Giappone nel 2011, arenato in Oregon e colonizzato da oltre 100 specie non native della costa americana.

La comunità scientifica stima che i rifiuti marini di plastica galleggianti raddoppino o addirittura triplichino la dispersione di organismi marini.

Ancora più importante, i rifiuti galleggianti non solo sono più abbondanti di analoghi substrati naturali in molte parti degli oceani del mondo, ma la loro abbondanza è cronicamente alta, in tutte le stagioni. È probabile che questo cambiamento nella disponibilità temporale e spaziale delle «zattere di plastica» influenzi drammaticamente la dinamica del trasporto e della colonizzazione tramite rafting di organismi associati.

I detriti di plastica forniscono un substrato per la vita marina che perdura molto più a lungo rispetto ai substrati galleggianti naturali. Diventa vettore di specie algali nocive, virus e inquinanti organici persistenti (POP).

Quella dei microrganismi è infatti l'ultima frontiera delle forme di vita che trova un habitat nelle zattere di detriti di plastica dove si possono insediare vari gruppi di microbi che includono autotrofi e simbionti e comprendono potenziali patogeni umani e animali come virus e batteri.

Questo mondo microscopico costituisce il cosiddetto «biofilm», detto anche microfouling perché la pellicola che aderisce alle particelle di plastica è formata dalle prime alghe unicellulari e dalla comunità microbica nei mari. Si consideri che un frammento di un grammo di plastica può ospitare il 6% di biomassa microbica contenuta in 1000 litri di acqua di mare. Si tratta di diatomee, idroidi e batteri. Le diatomee sembrano essere le prime colonizzatrici eucariote più abbondanti, spesso dominando superfici nuove nel primo paio di settimane e gli idroidi sono comunemente tra i primi animali.

Uno studio che ha confrontato le comunità microbiche che colonizzano il polietilene, il polistirene e particelle di polipropilene nel Nord Pacifico ha sottolineato che sul polistirene espanso le comunità microbiche sono più abbondanti. Quindi il tipo di polimero influenza sia il numero sia la composizione della struttura della comunità del biofilm.

I microbi marini dominano il nostro pianeta, arrivando a costituire oltre il 90% della biomassa negli oceani del mondo. Sono responsabili degli equilibri biogeochimici della biosfera e rappresentano le forme di vita più diverse e capaci di sfruttare tutte le nicchie favorevoli.

La biomassa microbica ospitata sulle plastiche può raggiungere quantità significative, ed essere quindi un fattore perturbante in quelle aree a basso contenuto di sostanze nutritive, come gli habitat degli oceani aperti. Altra caratteristica di questi micro habitat ospitati dalle plastiche è che possono essere completamente autonomi comprendendo microrganismi che traggono la loro energia chimica dalla luce (fototrofi), che a loro volta forniscono i composti organici di cui si nutrono altri organismi eterotrofi, seguiti poi da predatori e simbionti. Questo significa che la plastica non è solo un fattore inquinante ma può diventare anche un nuovo habitat di nicchia marina con una sua comunità biologica e sue caratteristiche fisico-chimiche e impatti ancora sconosciuti sulle coste e sugli oceani.

## Dalle macroplastiche alle nanoplastiche

La plastica è «come i diamanti, dura per sempre». Tutta la plastica prodotta esiste ancora da qualche parte sul pianeta, non scompare mai, si frammenta in piccole particelle persistenti diventando quello che è stato descritto come uno «smog in mare». Più piccola è la particella, maggiore è la disponibilità per gli animali alla base della catena alimentare con conseguenze che dovranno essere studiate.

I frammenti di plastica sono suddivisi in diverse categorie in base alle dimensioni, alla loro origine, funzione e posizione. Si parla di nanoplastiche per pezzi che vanno da 0,001 a 0,1 micrometri (μm, ossia un millesimo di millimetro), che diventano microplastiche (da 0,1 μm fino a 500 μm), seguite dalle mesoplastiche (da 500 μm a 5-10 mm), le macroplastiche (da 10 mm a 10-15 cm) e le megaplastiche (da 15 cm a dimensioni più importanti). Le mesoplastiche includono frammenti irregolari parzialmente degradati di materie plastiche, spesso triturati durante le operazioni di riciclaggio. Per le macroplastiche s'intendono frammenti di materiale plastico facilmente visibili a occhio nudo. L'ultima categoria, le megaplastiche, visivamente identificabili, è costituita da galleggianti e reti per la pesca, casse e scatole, bottiglie e contenitori di plastica e altro ancora.

**STANDARD DI MISURE DEI FRAMMENTI DI PLASTICA**

| CATEGORIA | SIGLA | DIMENSIONE |
|---|---|---|
| Macroplastica | Map | Da 10 mm a 15 cm |
| Mesoplastica | Mep | Da 500 µm ai 10 mm |
| Microplastica | Mp | Da 0,1 µm fino a 500 µm |
| Nanoplastica | Np | Inferiore a 0,1 µm |

Alcuni studi hanno provato a stimare l'abbondanza e la distribuzione delle microplastiche che galleggiano sulla superficie degli oceani. Le stime globali forniscono numeri che vanno dalle 6600 alle 35.500 tonnellate di particelle inferiori a 5 mm. Le microplastiche sono state trovate ovunque: nelle carote di ghiaccio, sul fondo marino e nei sedimenti costieri in tutto il mondo. Recentemente particelle di microplastica sono state registrate nel ghiaccio artico. Ciò ha implicazioni importanti considerando lo scioglimento dei ghiacci marini a causa del cambiamento climatico globale e il rilascio concomitante di microplastiche nell'ecosistema marino dell'Artico.

Alcune ricerche hanno stimato il peso dell'inquinamento plastico globale: comprende il 75% di macroplastica, l'11% di mesoplastica e il 14% di microplastica. I dati suggeriscono che un minimo di 233.400 tonnellate di oggetti di plastica più grandi sono alla deriva negli oceani rispetto alle 35.500 tonnellate di microplastiche. Nonostante questo, sembra che l'abbondanza e la distribuzione globale di microplastiche negli oceani stia aumentando costantemente negli ultimi decenni, mentre è stata osservata una diminuzione delle dimensioni medie dei rifiuti di plastica.

A partire dagli anni Ottanta si è notata una diminuzione delle microplastiche industriali e un aumento di quelle da consumo.

Quando parliamo di microplastiche si intende un mondo molto eterogeneo di particelle che variano in dimensioni, forma, colore, composizione chimica, densità, e che comprendono tutti i polimeri più comuni.

Le microplastiche possono essere suddivise in due categorie molto ampie che ne descrivono la fonte e l'utilizzo: primarie e secondarie. Le microplastiche «primarie» sono dette così perché sono i precursori per la produzione industriale di prodotti polimerici di consumo. Entrano nell'ambiente come rifiuti microplastici (< 5 mm) e comprendono le piccole plastiche di pre-produzione (4 mm di diametro, a volte chiamate «lacrime di sirene» o «nurdles») o polveri (<1 mm di diametro, simili a quelli utilizzati negli stampi). Sono inclusi in questa categoria i prodotti per la sabbiatura, le microsfere esfolianti utilizzate ampiamente nel settore dei cosmetici, le particelle di polietilene, polipropilene e polistirene finemente granulate derivanti da detergenti per le mani, diversi preparati cosmetici come scrub ed esfolianti. Per esempio, le microsfere tipicamente di 250 µm di diametro sono utilizzate in un'ampia gamma di detergenti per la pelle, per i gel doccia e i dentifrici. È inevitabile che queste particelle microplastiche vengano rilasciate nelle acque reflue e una parte sostanziale passerà quindi attraverso il trattamento dei rifiuti. Se si considera, poi, che in un singolo contenitore da 150 ml di prodotto cosmetico possono essere contenute milioni di particelle di plastica si può intuire il volume immenso che viene disperso in mare ogni anno.

Al contrario, le microplastiche «secondarie» derivano dalla frammentazione nell'ambiente di elementi più grandi di una quantità innumerevole di vari rifiuti che vanno dai prodotti di imballaggio, a corde, prodotti sanitari, bottiglie, articoli monouso, reti, solo per elencarne alcuni. Un'ulteriore fonte di microplastica, come abbiamo già accennato, deriva dal rilascio delle fibre dei tessuti sintetici come conseguenza dei nostri lavaggi domestici. Un singolo ciclo di lavaggio può rilasciare fino a 1900 fibre di microplastiche da un singolo indumento. Le fibre sono state segnalate in residui di trattamento delle acque reflue a terra e in quantità elevate intorno alle acque reflue che sfociano nell'ambiente marino.

Microfibre di plastica sono state trovate fino a 5766 m di profondità nella fossa della Kamchatka e nella pianura abissale con concentrazioni che arrivano a 2000 microfibre per $m^2$ e, ancor più sorprendentemente, in fondo alla Fossa delle Marianne, a 10.903 m di profondità con 1600 microfibre per litro di sedimento.

Oltre all'incenerimento a terra esistono diversi meccanismi di degrado e frammentazione che riducono prodotti plastici di grandi dimensioni a micro frammenti o ne rompono le lunghe catene polimeriche. Questi meccanismi e i tassi di decadimento includono la degradazione da parte dei raggi ultravioletti (UV), l'infragilimento e lo schiacciamento meccanico da parte delle onde, la degradazione termo-ossidativa, la scomposizione dovuta all'acqua (idrolisi), la biodegradazione dovuta all'azione di microrganismi, il pascolo e la triturazione della macrofauna e l'abrasione lungo le coste.

La degradazione non è uniforme per tutti i materiali plastici perché è governata da diversi fattori che includono le caratteristiche del polimero, ma anche la natura del pretrattamento. Le caratteristiche del polimero come la sua mobilità, tatticità, cristallinità, peso molecolare, il tipo di gruppi funzionali e sostituenti presenti nella sua struttura e plastificanti o additivi aggiunti al polimero hanno tutti un ruolo importante nel suo degrado.

Nel caso di plastiche foto-degradabili, i materiali sono costruiti con l'incorporazione di additivi chimici o copolimeri sensibili alla luce che indeboliscono i legami del polimero in presenza di radiazioni ultraviolette. Queste plastiche sono progettate per diventare deboli e fragili quando vengono esposte alla luce solare per periodi prolungati. I raggi UV rompono alcuni legami e lasciano molecole più instabili che possono ulteriormente degradarsi a causa di stress fisici come azione delle onde o attrito sulle rocce.

I movimenti di marea possono scaricare i frammenti di plastica sulle spiagge sottoponendoli a ulteriore degradazione dovuta all'esposizione a raggi UV accelerata a questo punto dal calore sulle superfici asciutte. Le plastiche esposte sulle spiagge sono soggette a foto-ossidazione quando sono esposte a radiazioni UV e ossigeno. Le onde trascinano la plastica lungo le coste sia rocciose che sabbiose oppure su barriere, graffiandole e spezzandole, mentre la foto-ossidazione determina caratteristiche superficiali grinzose, scolorite, squamate e polverose al tatto. Diversamente, i frammenti galleggianti sulla superficie del mare possono subire la stessa degradazione, ma con ritmi ritardati da vari fattori. Prima di tutto la temperatura minore, che comporta una notevole decelerazione dei processi nell'acqua di mare che è un buon dissipatore di calore. Anche il biofouling, la decomposizione biologica delle materie plastiche da parte di microorganismi, è più lento nell'ambiente marino perché l'apporto di ossigeno per questi processi è limitato. Un altro fattore che rallenta la degradazione della plastica in mare è dato dalla copertura micro-algale che la plastica subisce una volta in acqua. Questa sottile pellicola protegge la plastica dall'esposizione solare.

La degradazione è di fatto un cambiamento nella struttura chimica che porta a una diminuzione delle proprietà meccaniche e fisiche del materiale in funzione della durata dell'esposizione agli agenti atmosferici. Oggi nessuna plastica è progettata per soddisfare in contemporanea una lunga durabilità e una facile degradazione. Da un punto di vista ambientale, il principale inconveniente della plastica risiede quindi nella mancanza di biodegradabilità sott'acqua e nell'essere soggetta a una fotodegradazione lenta. Basti pensare che i tempi di biodegradabilità in natura vanno da pochi mesi al migliaio di anni a seconda del materiale.

**TEMPO DI DEGRADAZIONE DI ALCUNI TIPI DI PLASTICA**

| OGGETTO | BIODEGRADABILITÀ IN NATURA |
|---|---|
| Scarti di mela | 2 mesi |
| Sacchetto di plastica | 100-300 anni |
| Polistirolo | 850 anni |
| Filo di nylon (lenza da pesca) | 600 anni |
| Piatto di plastica | 1000 anni |
| Bottiglia di plastica | 1000 anni |
| Carte di credito | 1000 anni |

Un materiale plastico si può dire completamente degradato quando la struttura polimerica non esiste più, ossia è trasformato in monomero. Un materiale plastico indebolito dalla degradazione, può essere così debole che gli animali che ne rimangono impigliati possono liberarsi e fuggire, riportando pochi danni fisici. Ma sarà un problema per altri organismi. Secondo la dimensione del frammento, tale materiale può essere ingerito da organismi che vanno dalle balene agli uccelli e persino piccoli invertebrati filtratori. Oppure i suoi frammenti possono diventare così piccoli da influenzare il reparto planctonico, il mattone principale della vita degli oceani. Quindi, se da una parte si diminuisce il danno, dall'altro lo si aumenta in misura notevole per altre specie.

## SU E GIÙ PER LA COLONNA D'ACQUA

La distribuzione di microplastiche può essere considerata da diverse prospettive. Il più ovvio è la distribuzione geografica, un criterio valutabile a seconda delle scale spaziali in esame, dai pochi metri all'interno di una spiaggia, per esempio, a diversi chilometri tra le spiagge di una regione, fino a modelli in scala globale tra paesi o continenti. Altro criterio di distribuzione è quello verticale fra i vari comparti della colonna d'acqua, a partire dalla quantità di microplastica sulla superficie del mare, sul fondo subtidale e intertidale nei vari biota.

I meccanismi di frammentazione e biofouling aumentano la probabilità che il galleggiamento neutro venga a mancare con conseguente affondamento. Microplastiche sono state trovate sospese lungo tutta l'altezza della colonna verticale. Quando questi detriti affondano, cambiamenti nella luce solare disponibile, nella salinità e nella temperatura dell'acqua influenzano la diversità e l'abbondanza degli organismi colonizzanti che possono morire e staccarsi dal substrato, provocando un rialleggerimento delle microplastiche e una loro risalita. Si crea così un effetto a yo-yo, creando un continuo circolo tra la superficie e le profondità. I sedimenti in profondità sono un probabile destino finale per le microparticelle se prima non dovesse avvenire l'ingestione da parte dei pesci.

Le materie plastiche galleggianti sono rapidamente colonizzate da organismi marini a partire dai biofilm microbici, poi alghe e successivamente alcuni tipi d'invertebrati. Sono stati verificati fenomeni di biodegradazione su superfici di detriti di plastica da parte dei micro-batteri principalmente su polietileni e polipropilene ma anche su PVC e policarbonati che galleggiano principalmente con aria intrappolata. La biodegradazione è ulteriormente accelerata quando la superficie plastica a disposizione è maggiore. I residui delle particelle foto-degradate possono essere a loro volta degradati dalla decomposizione batterica. Si sa ancora poco delle percentuali di biodegradazione e l'influenza di alcuni fattori, come il tipo di substrato, l'acqua, la concentrazioni di nutrienti, le radiazioni UV, la temperatura, la salinità e il pH.

La biodegradazione converte il carbonio nella plastica in anidride carbonica. Il contributo di anidride carbonica derivante da degradazione delle plastiche dovrà essere in futuro ben quantificato per l'acidificazione degli oceani. Quest'ultima, conseguenza dei cambiamenti climatici, è un effetto causato dalla maggior presenza di anidride carbonica disciolta nell'acqua marina che a sua volta potrebbe aggravarsi per l'aumento della biodegradazione delle plastiche.

L'ingestione di detriti di plastica da parte di organismi marini è stata ben documentata con crescente attenzione verso l'ingestione da parte dei pesci. Pesci mesopelagici, cioè che vivono a una profondità fra i 200 e i mille metri, sono stati trovati con microplastiche e macroplastiche ingerite dal nord del Pacifico al Nord Atlantico, nel Mare dei Sargassi, nel canale della Manica, nel Mare Mediterraneo e nel Mare del Nord. Non è ancora completamente chiaro se i pesci ingeriscano direttamente o indirettamente le microplastiche mangiando prede che consumano a loro volta la plastica. Gli organismi marini filtratori come molluschi, pesci, cirripedi, coralli e simili ottengono il loro nutrimento filtrando grandi volumi d'acqua che possono contenere microplastiche, oltre alla fonte di cibo tradizionale. L'assorbimento di plastica da parte di pesci filtratori è stato segnalato per molte specie ittiche di valore commerciale come aringhe e sugarelli. Altre specie non filtratrici di valore commerciale, come gli scampi, sono state trovate con microplastiche nello stomaco, probabilmente per ingestione passiva di sedimenti.

Le nanoparticelle di plastica possono subire un trasferimento all'interno degli organismi. Alcuni studi hanno analizzato le nanoparticelle di polistirene. Queste attraversano le membrane lipidiche degli organismi, alterandone la struttura, l'attività delle proteine e infine le funzioni cellulari. Altre nanoparticelle sono state trovate nelle cavità branchiali dei granchi, ostruendone le membrane e quindi diminuendo l'apporto di ossigeno. Altri effetti deleteri sono stati registrati per le nanoparticelle, sempre di polistirolo, per lo zooplancton. Una volta ingerite dal piccolissimo organismo hanno influenzato l'alimentazione generale. Per alcuni copepodi si sono verificate forti tossicità con un aumento della mortalità. Negli ultimi anni c'è stata una crescente preoccupazione per gli impatti di particelle di plastica sempre più piccole sulle specie filtratrici come le cozze e lo zooplancton. Le nanoparticelle possono migrare dal tubo digerente o incagliarsi sulle superfici respiratorie, causando mortalità nei copepodi planctonici e perturbando le vie metaboliche cellulari.

Insieme alla maggiore densità dei processi d'incrostazione, la microplastica può anche essere trasportata nei fondali attraverso l'affondamento di carcasse, nelle feci dello zooplancton o di altri organismi pelagici. Il movimento verticale della plastica può anche essere facilitato dal comportamento migratorio dei pesci nella colonna d'acqua. La vita marina, le complicate interazioni biologiche ed ecologiche fanno sì che le microplastiche siano sempre in continuo movimento e si ridistribuiscano da un ambiente all'altro.

Il fondale marino profondo può essere considerato un importante deposito finale per i detriti microplastici e spiega l'attuale discrepanza tra gli input globali stimati di detriti di plastica immessi negli oceani e i dati sul campo.

Per esempio, si sono riscontrate quantità superiori a 2000 frammenti per chilogrammo nella laguna di Venezia. Alcune ricerche stimano che rispetto a unità di volume nei sedimenti di acque profonde potrebbero esserci quantità superiori a pari volume di acqua raccolta sulla superficie del mare.

I dati scientifici su habitat, biota e organismi marini illustrano ovunque un aumento dell'abbondanza nel tempo.

In termini di quantità, le microplastiche sono sostanzialmente più abbondanti rispetto alle macroplastiche in alcune località. Tuttavia, in termini di massa quest'ultime sono ancora di gran lunga la frazione dominante in dimensione nell'ambiente. Pertanto, anche se siamo in grado di prevenire ulteriori immissioni di detriti di plastica nel mare, la quantità di microplastiche continuerà ad aumentare nel tempo come conseguenza della frammentazione di elementi già presenti nell'ambiente. È anche chiaro che non esistono mezzi efficaci per rimuovere la microplastica una volta nell'oceano.

La presenza delle microplastiche nell'ambiente era già stata registrata nel 1972 sulla superficie del Mar dei Sargassi, tuttavia la preoccupazione per le potenziali conseguenze per la vita oceanica è stata solo di recente sollevata. Il timore è ben fondato in quanto si calcola che circa la metà di tutte le materie plastiche prodotte ha una densità maggiore dell'acqua di mare e quindi sparisce nelle profondità. Qui si troverebbe gran parte della microplastica «mancante» nelle stime globali.

Solo negli ultimi cinque anni le microplastiche nei fondali profondi e abissali hanno ricevuto la giusta attenzione: si tratta del più grande habitat marino sul pianeta.

Il destino finale e lo stoccaggio di microplastiche nei

fondali marini e di conseguenza nella stratigrafia sono stati indicati come segno dell'inizio dell'Antropocene, come nuova epoca geologica dominata dagli impatti dell'uomo.

Sembra che il numero delle microplastiche presenti nei fondali possa raggiungere in quantità due ordini di grandezza in più rispetto alle attuali stime. La conoscenza attuale è ancora limitata sull'interazione della microplastica negli ambienti profondi (dai 200 metri in giù), sia in termini di accumulo nei sedimenti che di ingestione da parte di specie caratteristiche di ambienti profondi. Questi organismi bentonici potrebbero quindi essere particolarmente esposti alla minaccia della plastica. Le poche ricerche fatte sugli invertebrati di ambienti profondi hanno riportato la presenza di microplastiche in anfipodi, cnidari, echinodermi e artropodi tra 334 m e 10.890 m, comprovando così che i detriti antropogenici sono biodisponibili anche nelle parti più profonde degli oceani. Si stima che il Mar Mediterraneo, essendo un bacino semi-chiuso con deflusso limitato di acque superficiali, coste densamente popolate e intense attività marittime, possa contenere circa il 5-10% della massa plastica globale degli oceani. Una recentissima ricerca, condotta da Alessandro Cau dell'Università di Cagliari nelle acque profonde della Sardegna (tra i 270 e i 660 metri), ha indagato l'ingestione di microplastiche negli scampi (*Nephrops norvegicus*) e nel gambero rosso (*Aristeus antennatus*). Queste specie, ecologicamente importanti ed economicamente molto rilevanti e preziose (tanto da produrre fatturati nell'ordine di centinaia di milioni di euro tra Atlantico e Mediterraneo), presentano due diverse strategie di alimentazione, pertanto l'esposizione alla microplastica nei loro stomaci risulta diversa. Gli scampi sono organismi «scavatori» e quindi non selettivi con un areale di alimentazione che si limita intorno alla tana, mentre i gamberi rossi predano piccoli invertebrati bentonici nuotando fino a qualche decina di metri sopra il fondale, mostrando così uno spettro più ristretto di prede. In totale sono stati analizzati gli stomaci di 89 scampi e di 63 gamberi rossi. Le particelle di plastica riscontrate comprendono tutte la gamme delle tipologie di plastica in mare: frammenti, film, pellet, filamenti e fibre.

Ma sono i numeri a essere preoccupanti. L'83% degli scampi campionati ha presentato microplastiche nello stomaco (cioè 75 stomaci su 89 analizzati), con un numero medio di 5,5 particelle per individuo (tra 1 e un massimo di 42). La dimensione delle particelle era compresa tra 0,1 e 5 mm, mentre i polimeri identificati erano 22: da polietilene (PE, 60%), seguiti da polipropilene (PP, 14%), poliammide (PA, 9%) e poliestere (PES, 7%). Altri polimeri (poliuretano PU, polistirene PS, poliisoprene, silicio, acrilonitrile-butadiene-stirene ABS e particelle acriliche) hanno rappresentato un altro 10%. Per i gamberi rossi la ricerca di microplastiche ha dato esito positivo per il 66,7% con una media di 1,66 particelle per individuo, (da 1 a 3 per stomaco). Le dimensioni variano da 0,08 a 5 mm. I filamenti (44%) e i frammenti (53%) rappresentano la grande maggioranza delle microplastiche trovate e sono state identificate 10 tipologie di polimeri: PE (24%), PES (39%), seguiti da PP (12%), PS (9%), PA (5%), mentre PU, polimeri acrilici, etilene-vinil acetato (EVA), silicio e copolimeri hanno rappresentato complessivamente circa il 9% dei polimeri totali. Il confronto tra le due specie ha confermato un numero significativamente maggiore di microplastiche negli scampi e una diversa composizione polimerica.

Questo studio sugli scampi e sui gamberi rossi, specie tipiche di acque profonde ha palesato un'abbondante presenza di plastica, anche nelle dimensioni più microscopiche, nei fondali. Inoltre, i risultati hanno portato alla luce l'importanza del comportamento alimentare nell'ingestione di microplastiche. La tipologia di plastica trovata indica che i materiali di imballaggio e i prodotti tessili potrebbero essere considerati un'importante fonte di esposizione per gli organismi di acque profonde. A questo si aggiunge che lo spettro complessivo di polimeri ottenuti nelle due specie è un segnale che indica che il peso specifico dei polimeri non è sufficiente per prevedere la loro distribuzione attraverso la colonna d'acqua e la disponibilità per il biota. Inoltre, è stato dimostrato che film e filamenti affondano più facilmente di pellet e frammenti, suggerendo che oggetti come sacchetti di plastica «usa e getta» potrebbero rappresentare una delle principali fonti di microplastiche per gli habitat di acque profonde. Gli scampi e i gamberi rossi, vista l'elevata esposizione alle plastiche potrebbero essere considerate in futuro specie «sentinella» per la valutazione dell'impatto della plastica in ambiente profondo. Non solo. Essendo specie economicamente importanti e ricercate, il loro uso nella ricerca potrebbe stimolare azioni e politiche di gestione adeguate, fornendo nuove idee per aumentare la consapevolezza pubblica sull'inquinamento da plastica nelle profondità marine.

## Plastica e contaminanti chimici

Il rischio delle microplastiche non è solo legato all'impatto sui vari habitat marini, e per quanto riguarda tutta la fauna ittica la minaccia non deriva solo dall'ingestione e l'intrappolamento. Il vero rischio dell'ingestione è di natura chimica, con ripercussioni fisiologiche.

Le materie plastiche sono associate durante la produzione a un cocktail di sostanze chimiche. Di tutti i 126 prodotti chimici elencati come «inquinanti prioritari» dall'Epa statunitense (Agenzia Protezione Ambiente) nel Clean Water Act, il 78% è associato ai prodotti polimerici. Secondo le Nazioni Unite e l'Unione Europea, il 50% delle materie plastiche prodotte sono pericolose in base ai loro monomeri costituenti, additivi e sottoprodotti vari.

Gli inquinanti prioritari sono considerati gravi e pericolosi a causa della loro persistenza, tossicità e capacità di accumularsi biologicamente negli organismi e da questi via via nelle reti alimentari. Tali inquinanti possono alterare la struttura e le funzioni degli ecosistemi, i processi fisiologici dei viventi (come per esempio la divisione cellulare, il sistema immunitario e la regolazione ormonale), possono mutare causando malattie (per esempio il cancro), possono ridurre la capacità di sfuggire alla predazione e inficiare il successo riproduttivo. Incidono sulle interazioni tra le specie (compromettendo la concorrenza) con conseguenze sulla biodiversità, sulla struttura ecologica e sui cambiamenti genetici.

Questa miscela complessa, composta dagli «ingredienti» usati nella produzione della plastica, include anche altri contaminanti chimici (per esempio, inquinanti organici persistenti – i POP che abbiamo già incontrato – e metalli) che si accumulano sulla plastica una volta dispersa nell'ambiente.

Prendiamo per ora in esame gli additivi che vengono usati in fase di produzione delle materie plastiche, poiché sono stati messi sotto la lente d'ingrandimento a causa della loro particolare nocività nell'ambiente marino. La maggior parte di questi additivi viene utilizzata in percentuali molto basse in rapporto al peso del polimero. Tre classi di additivi, tuttavia, sono utilizzate a un livello molto più alto nel composto di plastica o nella formulazione originale e proprio per tale concentrazione elevata rappresentano un problema ambientale e di salute umana. Si trovano i «riempitivi rinforzanti», i «plastificanti riempitivi» e «ritardanti di fiamma».

I riempitivi rinforzanti sono principalmente usati per migliorare le proprietà meccaniche quali la resistenza all'impatto o la resistenza alla trazione. Questo si riflette anche in migliori proprietà termiche.

I plastificanti sono solitamente liquidi e ammorbidiscono il materiale aumentandone la flessibilità. Il PVC plastificato, per esempio, è una plastica morbida e flessibile utilizzata nei tubi medici, sacche per il sangue, sedili delle automobili, tende da doccia, coperture a membrana e altri prodotti domestici. Una volta plastificato, il PVC ha proprietà meccaniche e sensibilità molto diverse rispetto al PVC non plastificato o rigido. Gli ftalati – la più ampia famiglia di agenti plastificanti usati nell'industria plastica – sono tipicamente utilizzati in quantità molto elevate nel PVC, fino a livelli del 60% del peso. Le molecole plastificanti sono disciolte nella matrice polimerica e non essendo legate alle catene macromolecolari possono migrare liberamente. Si dovrebbe considerare la contaminazione onnipresente di ftalati come indicatore di ingestione della plastica. Inoltre, gli ftalati essendo applicati principalmente al PVC, che non galleggia sulla superficie del mare, sono depositati nei sedimenti di fondo a causa della maggiore densità.

Gli ftalati nel PVC sono gli additivi più studiati anche per il fatto che rappresentano attualmente la parte più grande del mercato degli additivi globali, la cui produzione ha toccato i 12,6 milioni di tonnellate nel 2013 ed è cresciuta del 4,8% annuo negli ultimi 5 anni. Gli ftalati ricoprono quasi la metà delle vendite di additivi. La maggior parte (94%) dei circa 6 milioni di tonnellate di ftalati sono utilizzati dall'industria del PVC. Questa iperproduzione fa sì che siano gli ingredienti principali anche dei rifiuti ingeriti dalle varie specie ittiche. Negli organismi planctonici come i copepodi, per esempio, le concentrazioni di ftalati raggiunte tramite l'ingestione sembrano piuttosto rilevanti.

I ritardanti di fiamma sono additivi organobromurati (composti organici bromurati) mescolati nei polimeri per controllarne l'infiammabilità e la propagazione della fiamma nel prodotto finale, che deve essere quindi ignifugo. Sono di particolare interesse ambientale a causa delle loro concentrazioni relativamente elevate nella plastica (10-20%). Alcuni di essi sono prodotti chimici che risultano essere interferenti endocrini (Endocrine Disrupting Chemicals – EDC) cioè capaci di alterare la produzione di ormoni da parte delle ghiandole del nostro corpo. Come i plastificanti, una volta disciolti e in sospensione si diffondono nell'ambiente. I ritardanti di fiamma, compresi i polibromodifenileteri (PBDE), sono la classe di additivi in più rapida crescita nel mercato grazie alla loro massiccia applicazione nel settore delle costruzioni, nei trasporti, nelle industrie tessili. Sono ampiamente usati in articoli casalinghi comuni come Tv, computer e tessuti. Il mercato globale dei ritardanti di fiamma ha toccato un volume d'affari di oltre 7 miliardi di dollari nel 2014 e dovrebbe crescere entro il 2020 a 9,8 miliardi.

I PBDE sono stati banditi dall'Unione Europea dal 2003. La Convenzione di Stoccolma riveduta del 2009 ha limitato la produzione dei congeneri dei PBDE, che sono tutti inquinanti organici persistenti (POP). Tuttavia, alcuni dei PBDE prodotti in Asia possono ancora essere in commercio negli Stati Uniti e in Europa, e a ciò si somma il problema del residuo ambientale di PBDE utilizzati dall'industria nel passato.

Se guardiamo, invece, agli additivi utilizzati in percentuali basse nella produzione delle plastiche, un posto importante spetta agli «stabilizzanti termici» senza i quali i prodotti termoplastici si degraderebbero durante la lavorazione. Sono tipicamente usati a livelli minimali, circa 1% in rapporto al peso, per proteggere il polimero dalla degradazione prematura durante l'elaborazione e l'uso. Tuttavia, alcuni di questi stabilizzanti a una concentrazione sufficientemente alta possono essere pericolosi per l'ambiente e potenzialmente tossici per l'uomo. Alcuni benzofenoni – composti comunemente usati come stabilizzanti UV o assorbitori di luce in prodotti di plastica trasparente – sono noti per essere cancerogeni, come hanno dimostrato esperimenti sui topi. Molti altri fotostabilizzatori e stabilizzanti a base di dibutilstagno utilizzati nel PVC e nel poliuretano, sono descritti come interferenti endocrini. Anche i lubrificanti a base di nonilfenolo e tetrametilbutilfenolo sono noti per essere ulteriori interferenti endocrini.

## Un bel cocktail di contaminanti

Mentre le resine pure non sono tossiche, gli additivi che fuoriescono dai prodotti di plastica possono presentare una preoccupante tossicità.

La plastica in mare ha quindi destato preoccupazione per l'ambiente marino tanto da essere considerato un vero e proprio contaminante emergente, soprattutto nell'ottica della sua degradazione in microparticelle.

Fin dalle prime osservazioni sulla disgregazione della plastica la ricerca suggerì che le microplastiche sarebbero state un problema per la catena alimentare marina proprio per i composti tossici persistenti di origine organica alla base della produzione della plastica.

In diversi studi è stato osservato che le palline di polistirolo trovate nel mare aperto e la resina polietilenica in acque superficiali degli oceani Atlantico nord-occidentale e del Pacifico meridionale contenevano policlorobifenili (PCB). A quel tempo i PCB erano comunemente usati come additivi plastificanti nei processi di produzione.

È stato sottolineato che le micro e le mesoplastiche pelagiche potrebbero essere un vettore non trascurabile attraverso il quale i contaminanti come i metalli pesanti, i PCB e altri composti organoclorurati potrebbero trasferirsi tramite l'alimentazione degli organismi filtratori ad altri invertebrati, passando così via via a livelli più alti della catena alimentare da cui nessuno è escluso, si pensi per esempio che studi sui PBDE ne hanno dimostrato la presenza persino nel latte umano materno.

Una volta disgregata la plastica, questi additivi chimici raggiungono i mari e si vanno ad aggiungere a tutti quei contaminanti già presenti e di altra origine, come quella agricola e industriale. Questo miscuglio, con i relativi effetti sulla salute, di composti chimici insiti nella produzione e combinati con quelli trovati nell'acqua marina viene indicato come «effetto cocktail». Inutile sottolineare come molti di questi contaminanti siano persistenti, accumulabili negli organismi e tossici.

Il bisfenolo A, per esempio, utilizzato nella produzione del policarbonato, può procurare disturbi endocrini e il monomero stirene e polivinilcloruro, utilizzato nella produzione di polistirolo e PVC, possono essere cancerogeni e mutageni. Molte delle sostanze chimiche utilizzate nel processo di produzione, inclusi solventi, ausili alla sospensione, tensioattivi, iniziatori, catalizzatori e sottoprodotti possono anche essere dannosi per il tempo dell'esposizione. Per esempio, il tributilstagno, che è stato dimostrato essere causa di alterazioni endocrine nei molluschi, e il cloruro di rame, che influisce sullo sviluppo dei pesci, sono aggiunti come catalizzatori durante la produzione.

Quando analizzati i rifiuti plastici marini risultano contenere quantità non indifferenti di policlorobifenili (PCB), di idrocarburi policiclici aromatici (IPA) e di polibromodifenileteri (PBDE) e altre sostanze persistenti presenti nel mare.

Per i prodotti chimici organici, diversi studi dimostrano che polietilene, polipropilene e polistirene assorbono concentrazioni più elevate di contaminanti organici rispetto al PVC e al polietilentereftalato (PET).

L'accumulo di sostanze chimiche su detriti di plastica ha diverse implicazioni potenziali per la gestione dei rifiuti. Potrebbe essere un fattore positivo se i detriti di plastica permettessero la rimozione di alcuni prodotti chimici dall'ambiente. Ma può rivelarsi negativo se aiuta nel trasporto di sostanze chimiche pericolose nelle regioni remote del mondo e nei fondali oppure se tali sostanze vengono trasferite nelle reti alimentari marine.

Quando i contaminanti diventano biodisponibili, ossia disponibili per gli organismi, possono penetrare nelle cellule e interagire chimicamente con molecole biologicamente importanti e possono causare effetti avversi inclusi cambiamenti nel comportamento, tossicità epatica e disturbi endocrini.

La minaccia fondamentale per gli organismi marini, per i predatori, inclusi gli umani, è elevata se gli additivi sono interferenti endocrini, perché il sistema endocrino svolge un ruolo chiave nello sviluppo del feto, nella riproduzione, nel comportamento e nel metabolismo. Una seconda complicazione è che gli effetti sono spesso a lungo termine: l'esposizione di una generazione a interferenti endocrini può comportare impatti negativi negli esemplari delle generazioni successive.

Gli ftalati, per esempio, hanno dimostrato di attaccare le vie di segnalazione dei recettori degli ormoni e causare effetti di disturbo endocrino nei pesci. I ritardanti di fiamma bromurati sono coinvolti nei disturbi dello sviluppo neurocomportamentale, nelle alterazioni degli ormoni tiroidei, nello sviluppo anormale del feto (teratogenicità) e nella riduzione del successo nella deposizione delle uova. Il nonilfenolo, un tensioattivo, può causare un'interruzione endocrina nei pesci.

Inoltre, gli organismi sono raramente esposti a una sola sostanza chimica e l'interazione di più sostanze può indurre effetti sinergici. Pertanto, quando si considerano gli impatti delle microplastiche sugli organismi è necessario considerare la complessa miscela di sostanze chimiche insieme e gli stress multipli per gli organismi marini.

## Come entra la plastica negli organismi

L'impatto dei contaminanti chimici della plastica parte dai livelli inferiori della rete alimentare marina come fitoplancton e zooplancton, e da qui può interessare l'intera catena alimentare e potenzialmente l'approvvigionamento ittico globale.

Tra gli impatti nocivi della plastica questo è considerato il più pericoloso dal punto di vista ambientale con conseguenze importanti in tutti gli organismi, fino ad arrivare a noi. Diversi studi hanno notato che molti pesci commerciali, quali le alici, sono addirittura attratti dall'odore di questi frammenti plastici quando sono ricoperti da microalghe che ne dissimulano la reale origine sintetica.

Il trasferimento degli inquinanti organici persistenti (POP) dalla preda al tessuto del predatore avviene attraverso la dissoluzione di questi nel liquido digestivo e il successivo assorbimento nell'intestino. I POP sono idrofobi e raramente vengono sciolti nel liquido digestivo acquoso.

Invece l'olio dello stomaco è stato esaminato come fluido digestivo capace di lisciviare, cioè separare additivi idrofobi da frammenti di plastica. Lo stomaco degli uccelli dell'ordine dei Procellariformi trattiene l'olio derivato dalla loro dieta, principalmente pesce, e potrebbe quindi facilitare la lisciviazione degli additivi idrofobici da materie plastiche ingerite.

Pertanto la natura lipofila del fluido digestivo è fondamentale nel facilitare il trasferimento di sostanze chimiche idrofobiche da materie plastiche ingerite nei tessuti degli organismi.

La capacità della plastica di assorbire e concentrare i contaminanti organici idrofobi dall'acqua di mare è stata riconosciuta fin dai primi anni Settanta e ha ricevuto un crescente interesse negli anni seguenti.

Essendo persistenti, questi composti chimici non si degradano e sono soggetti a bioaccumulo e biomagnificazione.

Per bioaccumulo s'intende la capacità di alcuni organismi di accumulare sostanze varie nei tessuti, o per contatto o per via alimentare. Per biomagnificazione s'intende l'accumulo via via crescente dei composti da un livello trofico più basso fino ai consumatori apicali: si passa da concentrazioni nel fitoplancton di 0,001 ppm (parti per milione) ai 0,1 ppm al vertice della catena.

Tutte queste sostanze contaminanti diventano biodisponibili alle balene, agli squali elefante, agli uccelli marini, anfipodi e pesci. Gli organismi sono esposti a sostanze chimiche pericolose attraverso diversi meccanismi di trasferimento, tra cui la bioconcentrazione nei terreni (per esempio nell'acqua, nell'aria o nei sedimenti) e il bioaccumulo, che può avvenire tramite l'esposizione al particolato ambientale, o tramite l'ingestione e quindi la dieta. In questo modo la plastica interagisce diventando un supporto di accumulo di contaminanti già presenti nell'ambiente. E infatti ciò che preoccupa di più la comunità scientifica sono i meccanismi di trasferimento delle sostanze chimiche pericolose alla fauna.

I dati di alcuni studi eseguiti con esperimenti di laboratorio con polistirolo, con PVC, con poliuretano e polietilene – e per diversi prodotti chimici associati quali i policlorobifenili (PCB), gli idrocarburi policiclici aromatici (IPA), i polibromodifenileteri (PBDE), il triclosan e il nonilfenolo – hanno dimostrato che il trasferimento di sostanze chimiche dalla plastica agli animali si verifica con frequenza. Rimane però difficile dimostrare quale sia l'origine del bioaccumulo, se dalla plastica o dall'ambiente. Alcuni studi qualitativi correlano la presenza di grandi quantitativi di plastica in una regione e le sostanze chimiche associate alla plastica presenti in un organismo marino della stessa area con l'analisi dei tratti digestivi. Altri studi quantitativi, correlano la quantità di plastica ingerita e il bioaccumulo di sostanze chimiche nella fauna. Per esempio sono state correlate positivamente le concentrazioni di PBDE nei pesci con la quantità di plastica nel loro habitat.

Si è dimostrato che il polietilene nella baia di San Diego ha causato stress epatico inclusi diminuzione di glicogeno, lipidosi, morte cellulare e tumori in pesci esposti a concentrazioni rilevanti per l'ambiente. Inoltre, il pesce esposto alla combinazione di polietilene e di sostanze inquinanti ha mostrato segni d'interferenza endocrina attraverso i cambiamenti nell'espressione genica e crescita anormale delle cellule germinali nelle gonadi.

Specie con diete generaliste molto varie che conservano plastica nei loro tratti digestivi per periodi prolungati sono molto probabilmente più soggette a subire trasferimenti di sostanze chimiche pericolose. L'importanza del rischio derivante dalla plastica dipende dall'entità dell'esposizione chimica attraverso la preda, dalla quantità relativa di plastiche ingerite, dalle concentrazioni di sostanze chimiche in quella plastica, dalle proprietà degli additivi chimici (per esempio idrofobicità, suscettibilità del metabolismo) e dai fattori biologici. Prodotti chimici idrofobici e non metabolizzabili ad alto contenuto di cloro come la famiglia dei PCB sono trasmessi e accumulati attraverso la rete alimentare e sono altamente concentrati nella preda di organismi a livello trofico superiore. Per esempio, i PCB è noto che vengano biomagnificati attraverso la rete alimentare e accumulati nelle prede degli uccelli marini come i pesci.

Con gli ftalati è stata osservata una correlazione negativa tra l'ingestione di plastica (massa e/o numero di materie plastiche ingerite) e alcune condizioni del corpo (cioè massa corporea, lunghezza del becco) suggerendo che l'ingestione di plastica pone effetti subletali sugli uccelli marini.

Gli organismi filtratori hanno un alto potenziale d'interazione con grandi quantità di microplastica. Possono assorbire sostanze chimiche tramite la filtrazione di notevoli volumi d'acqua. Gli studiosi hanno utilizzato lo ftalato DEHP (diottilftalato) come «tracciante» del consumo di materie plastiche da parte dei grandi organismi marini filtratori come lo squalo elefante e la balenottera comune, nel cui tessuto adiposo sono state misurate grandi concentrazioni di questo ftalato. Gli ftalati inoltre sono stati rilevati in molti componenti nell'ecosistema incluso lo zooplancton che è la preda naturale di queste specie di squali e balene.

Nell'ambiente marino, l'assorbimento potrebbe diventare dipendente dallo stato della plastica che cambia nel tempo e nel luogo. L'invecchiamento della plastica porta a particelle più piccole aumentando la superficie specifica delle particelle.

L'afflusso netto degli additivi attraverso l'ingestione dipende da molti fattori ambientali: dal pH, dai tensioattivi e dall'idrofobicità, dall'ambiente intestinale e dal tempo di residenza della plastica nell'organismo.

Tutte queste riflessioni sulle componenti chimiche della plastica e la loro minaccia per gli organismi marini e non solo, porta a una sola conclusione: la chiave della sostenibilità della plastica risiede nel suo grado di tossicità ambientale, in particolare per l'uomo. Conoscere e valutare gli additivi comunemente usati, il loro potenziale di tossicità e le vie di assunzione fino ad arrivare all'uomo sono elementi essenziali per comprendere quale futuro avrà la sostenibilità della plastica.

# Bibliografia


Andrady Anthony L. (a cura di), *Plastics and the environment*, Wiley Interscience, John Wiley & Sons Publication 2003.

Bergmann Melanie, Gutow Lars, Klages Michael (a cura di), *Marine Anthropogenic Litter*, Springer Open 2015.

Blair Crawford Christopher, Quinn Brian, *Microplastic Pollutants*, Elsevier, 2017.

Cau Alessandro, Avio Carlo Giacomo, Dessì Claudia, Follesa Maria Cristina, Moccia Davide, Regoli Francesco, Pusceddu Antonio, *Microplastics in the crustaceans Nephrops norvegicus and Aristeus antennatus: Flagship species for deep-sea environments?*, Elsevier BV (2019) doi: 10.1016/j.envpol.2019.113107.

Takada Hideshige, Karapanagioti Hrissi K. (a cura di), *The Handbook of Environmental Chemistry – Hazardous Chemicals Associated with Plastics in the Marine Environment*, Springer, 2019.

Kane Ian A., Clare Michael A., *Dispersion, Accumulation, and the Ultimate Fate of Microplastics in Deep-Marine Environments: A Review and Future Directions*, «Front. Earth Sci.», 7:80, (2019) doi: 10.3389/feart.2019.00080.

Lusher Amy, Hollman Peter, Mendoza-Hill Jeremy, *Microplastics in fisheries and aquaculture: status of knowledge on their occurrence and implications for aquatic organisms and food safety*, FAO Fisheries and Aquaculture Technical Paper, n. 615, Rome, Italy, 2017.

Moore Charles con Cassandra Phillips, *L'oceano di plastica. La lotta per salvare il mare dai rifiuti della nostra civiltà*, Feltrinelli, Milano 2013.

CAPITOLO 3

# Le vie della plastica nell'alimentazione

## Aspetti generali

È ormai appurato dunque, come abbiamo visto, che le microplastiche e le nanoplastiche si stanno accumulando nella catena alimentare marina. A questo fatto vanno aggiunte evidenze sempre più marcate dalle ricerche che hanno riscontrato particelle polimeriche di ogni dimensione in tantissimi altri ecosistemi e habitat, ovunque, anche sulla terraferma. Particolare attenzione viene dedicata al settore agricolo e zootecnico, alle bevande e al cibo che ingeriamo.

Se, come abbiamo visto nei capitoli precedenti, le plastiche entrano negli organismi viventi per ingestione e anche per inalazione incamerando così i monomeri residui e persino gli additivi chimici associati alla produzione, viene da sé che anche l'uomo è esposto per via alimentare e respiratoria all'assunzione di particelle di plastica.

Gli effetti di questa esposizione hanno cominciato da poco a ricevere l'attenzione dovuta, e la ricerca sulle conseguenze per la salute è a tutt'oggi carente. Non tutte le materie plastiche vengono studiate: manca ancora il quadro sanitario sulla loro capacità di assorbire sostanze chimiche dall'ambiente circostante e/o rilasciare altri additivi chimici. La maggior parte della ricerca sulla lisciviazione chimica e sull'ingestione da parte di animali si concentra attualmente su frammenti e gli studi sulle fibre, le più presenti, sono carenti e saranno infine da sviluppare studi ecotossicologici sulle microplastiche secondarie.

Nell'ottobre 2018 è balzato all'attenzione mediatica uno studio pilota austriaco, primo nel suo genere. Otto volontari provenienti da alcuni paesi europei, dalla Russia e dal Giappone hanno inviato un campione delle loro feci all'Istituto di Gastroenterologia dell'Università di Vienna. Tutti i campioni hanno rivelato la presenza di microplastica (il 100% dei campioni mostrava presenza di PP e PET). Lo studio ha reso evidente il fatto che anche l'uomo involontariamente ingerisce plastica che, una volta digerita, arriva all'intestino e poi viene espulsa. Analizzando il consumo umano di pesce è stato stimato che la popolazione europea possa ingerire fino a 11.000 frammenti di microplastiche all'anno. E se si sommano i dati emersi dagli studi su altri settori alimentari la stima del numero di particelle ingerite aumenta notevolmente. Negli Stati Uniti una persona che beve solo acqua in bottiglia arriva a ingerire 130.000 microparticelle all'anno contro i 4000 dell'acqua del rubinetto. Quello che però preoccupa di più sono le nanoplastiche, perché se è vero che le microplastiche vengono espulse, è altrettanto vero che la dimensione di particelle più piccole permette il passaggio nelle membrane cellulari e di conseguenza l'attivazione di una serie di reazioni dell'organismo che possono essere anche molto serie.

Vista la grande preoccupazione presso le sedi istituzionali per l'emergenza plastica, i ricercatori dovranno studiare e comprendere gli effetti del cocktail complesso di sostanze tossiche, dei microorganismi patogeni, dei monomeri residui al fine di evidenziare rischi per la sicurezza alimentare e per la salute umana derivanti da tutte le forme di plastica che possono essere ingerite.

I rischi sanitari a breve e a lungo termine non sono ancora chiari e in merito i risultati degli studi ci spingono a non prendere sottogamba la questione.

Nel giugno 2019 l'Università di Newcastle (Australia) ha reso nota un'analisi che ha trovato ampia eco in tutti i giornali. Lo studio ha evidenziato che una persona potrebbe «mediamente» ingerire fino a circa cinque grammi di plastica ogni settimana, il peso equivalente di una carta di credito. La ricerca individua la causa nell'aumento dell'uso di plastica e nel limite del riciclo che attualmente non è in grado di sostenere la domanda mondiale di nuova plastica.

La stima della quantità media di plastica ingerita dall'uomo è dedotta sommando i dati delle varie ricerche pubblicate finora sull'argomento ma riguardanti alimenti specifici. Infatti, sebbene il numero di particelle prese per singolo alimento possa non causare particolari allarmi, sarà la somma dell'esposizione potenziale di tutte le fonti combinate a destare preoccupazione. Sebbene siano ancora limitate le ricerche sulla zootecnia e sull'agricoltura i risultati sembrano già di per sé preoccupanti allo stato attuale anche perché al di là delle differenze regionali nessun paese è escluso. Il maggior carico di microplastiche, soprattutto fibre, che pesa sul consumo umano deriva dall'acqua imbottigliata. Seguono i frutti di mare che non venendo eviscerati come i pesci comportano l'assunzione della plastica residua nell'apparato digerente.

L'elevata percentuale di microplastiche nell'acqua potabile è particolarmente insidiosa perché è difficile raccomandare strategie pratiche per evitarne l'ingestione. Mentre per altri prodotti (sale marino, birra, prodotti ittici) i danni si possono limitare con la riduzione, l'eliminazione o con una accurata lavorazione e pulizia, dell'acqua potabile non si può fare a meno né ridurre.

Come già detto le microplastiche continueranno a trovarsi sempre di più in tutti i comparti ambientali e per forza di cose in tutti i prodotti destinati al consumo umano. Grande attenzione, in futuro, dovrà essere rivolta a indagare a fondo sulla contaminazione di quelle che sono le principali fonti di nutrimento globale, in particolare prodotti come cereali, verdure, manzo, pollame e formaggi e attuare il principio di precauzione per produrre meno plastica laddove le analisi siano carenti.

Altro ambito di interazione con l'ambiente soggetto a inquinamento da plastica è la qualità dell'aria: sebbene le stime sull'inalazione siano trascurabili possono variare ed essere determinanti a seconda dei contesti. Studi sulla qualità dell'aria in ambienti chiusi come case, uffici o generalmente negli ambienti lavorativi mostrano come siano più pesantemente inquinati dalla plastica rispetto agli ambienti esterni. Ciò deriva dal limitato ricircolo dell'aria negli edifici e dal fatto che i tessuti sintetici e la polvere domestica sono tra le fonti più importanti di microplastiche sospese nell'aria. Non si creda però che la presenza delle microplastiche nell'aria sia confinata solo nei luoghi chiusi: recenti studi ne hanno trovato tracce sulla cima delle montagne dei Pirenei e sulle Alpi e nell'Artico a dimostrazione di come le microplastiche possano percorrere grandi distanze trasportate dai venti.

Quanto agli ambienti indoor, da circa vent'anni gli animali d'appartamento come i gatti sono utilizzati quali sentinelle per il biomonitoraggio dell'inquinamento domestico. Negli anni Settanta studi su gatti domestici hanno evidenziato un aumento sostanziale dell'ipertiroidismo rispetto agli anni precedenti e non riscontrato nei gatti che vivono all'aperto. Secondo numerosi studi veterinari ed ecotossicologici la causa di tale patologia sarebbe da ricondurre alla presenza nelle case dei ritardanti di fiamma contenuti nei mobili, nei tessuti, negli elettrodomestici e nel pesce delle scatolette destinate proprio ai gatti. Passando molto tempo a leccare il proprio pelo i gatti sono quindi continuamente esposti alle polveri rilasciate per lunghi periodi.

I prossimi studi dovranno concentrarsi sulla valutazione dei rischi relativi alle reali concentrazioni dell'esposizione e sui percorsi di migrazione delle microplastiche nel corpo umano. Non sono ancora disponibili dati specifici sull'assorbimento e sulla distribuzione delle particelle sintetiche nei distretti corporei e quali siano gli organi più impattati. La determinazione della diffusione delle microplastiche negli alimenti e nei tessuti umani è molto impegnativa, soggetta a errori e ancora agli albori.

## Plastica e pesce

Con l'aumento della plastica in mare, ma soprattutto della micro e nanoplastica da degradazione, è prevedibile che nei prossimi anni cresceranno le interazioni tra questo contaminante emergente e le specie ittiche commestibili.

Da quando la FAO, nel 1950, ha iniziato a raccogliere dati dai paesi membri, il volume di pesce pescato o d'acquacoltura è aumentato di circa otto volte. Nel 2015 la produzione ittica ha raggiunto il livello record di circa 170 milioni di tonnellate di prodotti animali e prodotti connessi con il mare, come alghe e krill. Dagli anni Ottanta la maggior parte di questo incremento è dovuto all'acquacoltura arrivando a circa il 17% di proteine animali di derivazione ittica disponibile alla popolazione umana. Tutto ciò ha prodotto un maggior consumo globale pro capite di prodotti ittici. I grandi benefici del consumo del pesce sono noti a tutti. Aiuta a prevenire malattie coronariche, è fonte naturale di iodio, omega 3 e Dha fondamentali per lo sviluppo neurale e cerebrale nei feti, ma anche per i bimbi fino a due anni e per le donne in gravidanza. Ma l'ingestione di microplastiche e nanoplastiche da parte di organismi acquatici, comprese le specie d'importanza commerciale per la pesca e l'acquacoltura, è stata documentata in studi di laboratorio e sul campo. Sebbene le microplastiche vengano rimosse dal tratto intestinale dei pesci prima del consumo con l'eviscerazione, la nanoplastica può invece migrare in altri tessuti e quindi sfuggire all'attenzione del consumatore. La maggior parte delle specie di bivalvi e diverse altre specie di piccoli pesci sono consumate invece intere, il che può portare all'esposizione sia a micro che nanoplastiche. Se i pesci accumulano livelli significativi di contaminanti dall'ambiente la conseguenza è che alcuni prodotti ittici saranno potenzialmente dannosi per la salute in base alla quantità consumata. Si consideri, poi, che le stesse attività della pesca e dell'acquacoltura si affidano a materiali plastici che hanno reso più efficiente la produzione, i trasporti, la conservazione, hanno permesso un forte abbattimento dei costi ma anche un trasferimento di microplastiche nelle fasi precedenti il consumo.

Come abbiamo già visto, gli effetti più nocivi sulla salute umana derivanti da micro e nanoplastiche nei prodotti ittici possono essere causati dalle particelle di plastica stesse o da additivi e agenti contaminanti assorbiti, come sostanze persistenti, bioaccumulanti e tossiche (PBT). I detriti microplastici possono facilitare il trasporto di microrganismi che si legano alle loro superfici e possono migrare su lunghe distanze: si tratta di batteri tra cui il genere vibrio e ceppi patogeni nonché microrganismi nocivi come dinoflagellati tossici che andranno a impattare la salute degli stessi pesci e procurare anche forti intossicazioni all'uomo se non controllati precedentemente.

L'ingestione è l'interazione più probabile che gli organismi hanno con le microplastiche; le loro piccole dimensioni possono renderle indistinguibili da prede naturali o possono farle accidentalmente ingerire durante l'alimentazione dei filtratori oppure farle captare durante l'ispezione dei sedimenti. Ricerche recenti hanno anche dimostrato che alcuni pesci, come i piccoli pelagici, sono attratti dalle microplastiche. Il biofilm che le ricopre, composto di acidi grassi, proteine, alghe unicellulari, ne favorisce l'ingestione attirando i pesci per mezzo dell'odore accattivante. In acquacoltura si è notato che le microplastiche s'impregnano di dimetilsolfuro che agisce come un odorizzante fondamentale nelle sostanze nutritive pelagiche rendendole molto appetibili per diversi pesci. L'ingestione provoca infiammazione, stress ossidativo, metabolismo interrotto, alterazioni del tratto intestinale, prestazioni predatrici ridotte, comportamento anomalo nel nuoto, letargia, aumento della risposta immunitaria, diminuzione del consumo di cibo, quindi del tasso di crescita e relativa perdita di peso, diminuzione anche della fecondità e, di conseguenza, impatti negativi sulle generazioni successive. Tutto ciò preoccupa per il possibile trasferimento a livelli trofici superiori, incluso l'uomo, tramite i fenomeni di bioaccumulo e biomagnificazione.

È ormai appurato da diversi studi di laboratorio che una vasta gamma di organismi marini, dai più semplici ai più complessi, può ingerire microplastiche e che, successivamente, le stesse si trasferiscono a livelli trofici più alti in una catena che parte dai protisti, anellidi, echinodermi, cnidari, anfipodi, decapodi, isopodi e risale fino ai molluschi e i pesci. Mentre per le microplastiche il trasferimento trofico può non avvenire, nel caso delle nanoplastiche ancora poco è noto ma diversi segnali indicano che la contaminazione è diffusa e vi è la preoccupazione che possa avere un alto impatto biologico. Le specie d'importanza commerciale per le quali sono state dimostrate interazioni con nanoplastiche e microplastiche sono quasi il 55% e includono, tra gli altri, cozze, ostriche, vongole, gamberetti comuni, scampi, acciughe, sardine, aringhe atlantiche, sgombri atlantici, merluzzi, carpe comuni.

In questi studi sugli impatti delle microplastiche, i bivalvi filtratori sono tra gli organismi più analizzati e alcuni dei risultati hanno mostrato forti effetti tossici a livello tissutale e cellulare. I crostacei zooplanctonici, come copepodi, isopodi e decapodi, sono stati tutti esposti a microplastiche in prove di laboratorio che ne hanno dimostrato forti assorbimenti. Questi piccoli organismi, importanti per molte specie commerciali, hanno riportato effetti negativi nell'alimentazione, un aumento dei tassi di mortalità, ritardi di sviluppo e ridotta fecondità. Questi dati dimostrano la duplice ragione per la forte preoccupazione della comunità scientifica anche perché nell'immediato futuro la presenza di micro e nanoplastiche con i loro additivi è destinata ad aumentare. La ricerca, dunque, si concentra in special modo sulle specie più importanti sia per il consumatore finale che per il settore ittico perché, oltre a provocare danni alla salute, le microplastiche e le nanoplastiche possono danneggiare la redditività della pesca.

## Plastica e sale

Il sale è un elemento nutrizionale che accompagna la storia dell'uomo da sempre: fornisce elementi essenziali all'organismo ed è utilizzato in diverse fasi della produzione alimentare tra le quali la conservazione e l'essicazione. A ogni latitudine tutti gli uomini ne ingeriscono lungo la vita grandi quantità e lo usano per preparare gli alimenti o per conservarli (dalla frutta al formaggio fino alla carne). Ma i sali vengono utilizzati persino in altri settori come quello cosmetico e quello farmaceutico.

Il sale proviene principalmente dal mare, dalle saline, da laghi salati, da rocce, e poiché in molte regioni, incluse quelle europee, diverse saline sono localizzate in aree costiere molto antropizzate è alto il rischio che siano esposte a molteplici contaminanti incluse le microplastiche.

Nelle classiche saline l'acqua di provenienza marina e l'acqua dolce circolano in una serie di stagni diversi che si susseguono lungo un gradiente di salinità crescente: la cristallizzazione avviene per un effetto combinato di evaporazione e calore.

Tutti gli studi scientifici che hanno esaminato la presenza di plastica nei sali commerciali hanno avuto risultanze positive: nel sale si riscontra una grande quantità di plastica contenuta già nell'acqua di provenienza. Generalmente le concentrazioni maggiori si trovano nei sali di origine marina rispetto a quelli di origine lacustre e rocciosa e nessuna zona di estrazione sembra esente dalla contaminazione. Sono state trovate mediamente concentrazioni più elevate (550-681 particelle per kg) nei sali marini rispetto a quelli di origine lacustre (43-364 particelle per kg) e di origine rocciosa (7-204 particelle per kg).

Altri studi hanno voluto esaminare se fosse il sistema d'imballaggio a rilasciare i polimeri plastici nel sale e i risultati hanno escluso tale influenza nel contenuto finale.

L'Organizzazione Mondiale della Sanità consiglia di consumare non più di 5 grammi al giorno di sale. Considerando questo valore, il numero annuo di particelle plastiche ingerite da un consumatore può variare a seconda del tipo di sale assunto e della sua provenienza geografica.

Il livello di presenza di microplastiche nel sale, calcolato sul numero di particelle per chilo, ha mostrato una distribuzione geografica con gradienti di inquinamento diversi. Sale marino contenente concentrazioni di microplastiche relativamente alte proviene da produzioni dell'Asia orientale e meridionale. Non è casuale che queste saline corrispondano con le aree mondiali a maggior apporto di plastica che dai fiumi si riversa negli oceani. Le ricerche confermano una correlazione ambientale: i livelli d'inquinamento da microplastiche negli habitat delle regioni costiere, rilevati nell'acqua di mare, nel sale marino e negli organismi marini, tendono ad aumentare proporzionalmente con la quantità di detriti di plastica che entrano in mare dai fiumi. Accoppiando poi i dati tra microplastiche in mare e nel sale, si è notato che a sali marini prodotti in prossimità di aree costiere con contenuti relativamente alti di microplastica nell'acqua di mare corrispondono livelli altrettanto alti di microplastiche nel sale.

Il sale marino può essere così un'utile matrice di monitoraggio preliminare dell'inquinamento marino da plastiche. Tuttavia, sempre le analisi della plastica presente nei sali commerciali del mercato globale indicano che le plastiche possono anche essere state prodotte a migliaia di chilometri di distanza.

I polimeri identificati nei vari studi sono tantissimi e variano dalla cellulosa al cellophane, etilenevinilacetato, nylon, polietilene, poliestere, polietilene tereftalato, polimetilacrilato, polipropilene, poliuretano, policloruro di vinile.

Nel 2018 una ricerca ha analizzato undici marche di sale commerciale di origine italiana e croata, sei marchi dall'Italia e cinque marchi dalla Croazia, quattro di loro venduti in pacchetti di plastica trasparente. Le microplastiche sono risultate presenti nel 100% dei campioni con una concentrazione che variava da 22 a 594 particelle su un kg nei marchi italiani e da 13.500 a 19.800 particelle su un kg per i marchi croati. I ricercatori ritengono nelle loro conclusioni che queste alte concentrazioni siano la conseguenza della vicinanza dei siti di produzione del sale a insediamenti urbani altamente popolati e a fiumi inquinati.

Uno studio del 2017 condotto su 21 marchi di sale spagnolo ha trovato principalmente fibre con una variazione da 50 a 280 particelle per kg.

I marchi di sale commerciale provenienti dall'India sono tutti contaminati da frammenti plastici, il 37% dei quali sono fibre e il 63% particelle con concentrazioni che vanno da 56 a 103 particelle per kg. Stesso destino di contaminazione si è rivelato nei sali turchi.

Un'altra ricerca del 2018 ha quantificato la plastica presente in 12 marchi di sale da diverse regioni del mondo (Oceano Atlantico, Mar Celtico, regione himalayana, Mar Mediterraneo, Messico, Mare del Nord, Oceano Pacifico, mare delle coste siciliane, Usa e Salt Lake nello Utah). Tutti i campioni si sono rivelati positivi alla plastica con concentrazioni che variavano da 47 a 806 particelle per kg, mentre le fibre risultano il tipo di plastica più frequente.

Riassumendo tutti i lavori fin qui considerati, è importante sottolineare che la plastica è stata trovata in 128 marchi di sale marino provenienti da 38 diverse origini distribuite in tutti i continenti del mondo (Oceano Atlantico, Australia, Bielorussia, Brasile, Bulgaria, Mar Celtico, Cina, Taipei cinese, Croazia, Francia, Germania, regione himalayana, Ungheria, India, Indonesia, Iran, Italia, Giappone, Corea, Malesia, Mar Mediterraneo, Messico, Nuova Zelanda, Mare del Nord, Oceano Pacifico, Pakistan, Filippine, Portogallo, Senegal, Mare di Sicilia, Sudafrica, Spagna, Thailandia, Turchia, Regno Unito, Utah Salt Lake, Stati Uniti, Vietnam).

Considerando questi valori quindi, il numero annuo di particelle plastiche ingerite da un consumatore, in base all'origine e al tipo di sale, può variare in modo significativo. Per esempio, quando si usa sale proveniente dal Giappone, dalla Malesia, dalla Nuova Zelanda o dall'Iran, dove la contaminazione del sale sembra essere molto bassa (1 particella per kg), il numero di particelle ingerite dal consumatore medio è inferiore a due l'anno. Al contrario, quando si usa il sale della Croazia (19.800 particelle per kg) o Cina (1300 particelle per kg), il numero di particelle ingerite dal consumatore medio può potenzialmente raggiungere rispettivamente 36.135 e 2372 particelle all'anno.

Considerando un consumo globale di sale pari a 10,06 g al giorno, il consumatore medio di sale consuma circa 2000 particelle l'anno assumendo il contenuto medio di 506 particelle per kg.

## Plastica e acqua di rubinetto

Se si crede che l'acqua potabile che beviamo dal rubinetto di casa sia immune dalle contaminazioni che abbiamo visto, una ricerca unica nel suo genere, condotta da due studiosi dell'Università del Minnesota e la State University di New York, nel 2018 ha fatto luce sull'argomento. La ricerca è particolare in quanto ha analizzato acque potabili degli acquedotti municipali, prelevate sia da comunità rurali che da quelle urbane: 159 campioni raccolti in 14 paesi dai cinque continenti, circa la metà dei campioni provenienti da paesi sviluppati e l'altra metà da paesi a più basso reddito (Cuba, Ecuador, Inghilterra, Francia, Germania, India, Indonesia, Irlanda, Italia, Libano, Slovacchia, Svizzera, Uganda e Usa).

Purtroppo anche in questo caso sono stati trovati detriti antropogenici, per l'esattezza nell'81% dei 159 campioni testati. La gamma di particelle plastiche in tutti i campioni di acqua di rubinetto varia da 0 a 61 particelle/L, con una media complessiva di 5,45 particelle/L. La media più alta è stata trovata negli Stati Uniti con 9,24 particelle/L. È interessante notare che quando la media di tutti i paesi in via di sviluppo è stata confrontata con la media dei paesi più ricchi è emersa una differenza significativa tra i due gruppi.

L'acqua proveniente da nazioni più sviluppate (UE, Usa e Libano) ha una densità media di 6,85 particelle/L, mentre quella di nazioni meno sviluppate (Cuba, Ecuador, India, Indonesia, Uganda) ha una densità media di 4,26 particelle/L, quindi minore.

**RISULTATI DELLA CONTAMINAZIONE NELL'ACQUA DI RUBINETTO (PARTICELLE/L*)**

| PAESE | N. CAMPIONI | MINIMO | MASSIMO | MEDIA | DEVIAZIONE STANDARD |
|---|---|---|---|---|---|
| Cuba | 1 | --- | --- | 7,17 | --- |
| Ecuador | 24 | 0 | 9,04 | 4,02 | 3,20 |
| Inghilterra | 3 | 3,66 | 13,0 | 7,73 | 4,76 |
| Francia | 1 | --- | --- | 1,82 | --- |
| Germania | 2 | 0 | 1,82 | 0,91 | 1,29 |
| India | 17 | 0 | 20,0 | 6,24 | 6,41 |
| Indonesia | 21 | 0 | 10,8 | 3,23 | 3,48 |
| Irlanda | 1 | --- | --- | 1,83 | --- |
| Italia | 1 | --- | --- | 0** | --- |
| Libano | 16 | 0 | 23,3 | 6,64 | 6,38 |
| Slovacchia | 8 | 0 | 10,9 | 3,83 | 4,47 |
| Svizzera | 2 | 0 | 5,47 | 2,74 | 3,87 |
| Uganda | 26 | 0 | 12,7 | 3,92 | 3,17 |
| USA | 33 | 0 | 60,9 | 9,24 | 11,8 |
| Acqua in bottiglia | 3 | 1,78 | 5,37 | 3,57 | 1,79 |

** Per paesi con un solo campione, la densità dei rifiuti antropogenici è fornita come media, senza valori minimi, massimi o deviazione standard.*
*** Per quanto siano stati trovati rifiuti antropogenici nel campione, risultavano inferiori all'acqua deionizzata e quindi si è riportato un valore pari a zero.*

*Fonte*: Kosuth M., Mason S.A., Wattenberg E.V., *Anthropogenic contamination of tap water, beer, and sea salt*, «PLoS ONE», 2018, 13(4): e0194970.

Delle 539 particelle trovate, per la stragrande maggioranza (98,3%) si tratta di fibre, mentre le restanti particelle sono state identificate come frammenti o pellicola.

Confrontando la contaminazione nell'acqua del rubinetto per ogni regione emerge che il Nord America (campioni degli Stati Uniti e Cuba) ha una densità media più elevata di detriti (9,18 particelle per litro) rispetto a quella più bassa (3,60 particelle per litro) trovata nelle sette nazioni dell'UE (Inghilterra, Francia, Germania, Irlanda, Italia, Slovacchia e Svizzera).

Si potrebbe prevedere una maggiore densità di inquinanti plastici nei paesi in via di sviluppo che non dispongono di appropriati sistemi di smaltimento dei rifiuti urbani e di filtrazione dell'acqua. Tuttavia, è proprio nei paesi più sviluppati che si registrano valori più alti e la causa dipende da diverse variabili: la fonte dell'acqua (pozzo, superficie, scioglimento delle nevi), la densità della popolazione nella regione e i metodi di filtraggio dell'acqua.

Secondo la statunitense National Academy of Medicine, donne e uomini dovrebbero consumare rispettivamente fra i 2,2 e i 3 litri di liquidi al giorno. Calcolando in questi liquidi l'acqua del rubinetto, come pure bevande quali caffè o tè preparate con quell'acqua, una donna può ingerire fino a dodici particelle al giorno mentre un uomo fino a 16. Le dosi raggiungono un totale annuo di circa 4400 particelle per le donne e oltre 5800 particelle per gli uomini. In Europa, invece, uno studio tedesco condotto sulle acque potabili della regione della Frisia orientale ha identificato la presenza di microplastica su grandi volumi derivati dal trattamento delle falde sotterranee. Per appurare quale fosse la fase dove si verificava maggior contaminazione, i campioni sono stati prelevati in diverse posizioni nella catena della fornitura, dai pozzi sotterranei ai rubinetti domestici. Il sistema è composto da tubi di polietilene ad alta densità (HDPE), polivinilcloruro (PVC) o ghisa. I serbatoi hanno uno strato interno di resina epossidica e polipropilene.

Dalle analisi è risultato che su 14 dei 24 campioni di acqua la plastica non è presente. Per cinque campioni è stata determinata meno di una particella microplastica per metro cubo, per gli altri quattro campioni tra una a tre particelle per metro cubo, per un campione sette particelle. La maggior parte di questi frammenti (62%) era di poliestere. Sono stati inoltre rilevati PVC (14%), nylon e resina epossidica (entrambi il 9%) e polietilene (6%) in diverse posizioni nella catena. Tutte le particelle di microplastica avevano dimensioni comprese tra 50 e 150 µm. Si tratta, quindi, di una bassa contaminazione da plastica nelle acque potabili trattate e la piccola presenza riscontrata sembra dovuta all'abrasione del rivestimento che costituisce il sistema di trattamento.

## I RISCHI NELL'ACQUA IN BOTTIGLIA E NELLE BEVANDE

L'elevato consumo di acqua minerale imbottigliata in plastica ha catturato l'attenzione del pubblico e dei media e impone ricerche sulle microplastiche associate, ricerche che fino a qualche anno fa non sembravano essere d'interesse sanitario e a tutt'oggi richiedono maggiori approfondimenti.

I risultati di svariati studi ci dicono che l'acqua imbottigliata presenta un numero maggiore di microplastiche rispetto all'acqua dal rubinetto. Gli esperti sembrano attualmente concordare che la causa risieda nella plastica stessa delle bottiglie. Come molti altri prodotti, l'imballaggio potrebbe fare la differenza.

Nella valutazione del rischio derivante dall'esposizione a microplastiche contenute in bevande in bottiglia, in linea di principio devono essere considerate tre categorie di sostanze chimiche: gli eventuali additivi polimerici utilizzati per la produzione della plastica e presenti nella matrice, i monomeri residui e il polimero stesso.

Nel 2018 sono stati resi noti i risultati di un'indagine prospettica sul mercato tedesco che ha analizzato il contenuto di microplastiche in 38 bottiglie di acque minerali in PET, vetro e in cartone rivestito. Sono state testate in totale 26 bottiglie in PET – 15 di queste erano bottiglie multiuso (a rendere) e 11 monouso – tre in cartone rivestito e nove bottiglie di vetro (a rendere). I ricercatori hanno trovato nei campioni frammenti di microplastica di piccole dimensioni (tra 50 e 500 μm) e particelle molto più piccole di 5-50 μm.

Lo studio ha rilevato una media di 118 particelle per litro in bottiglie in PET multiuso. La plastica rilevata era composta per l'84% da PET, per il 7% di PP, per il 5% di PE e per il 2% di PA, con il 2% di altri polimeri. Nelle bottiglie in PET monouso il valore scendeva notevolmente a una media di 14 particelle per litro (per la maggior parte derivanti da PET). Nel cartone rivestito le particelle contate erano 11 per litro. Nelle bottiglie di vetro il conteggio ha riportato valori oscillanti tra 4 e 156 particelle per litro con circa il 41% della microplastica costituita da PET, 35% di PE, 14% PA e 8% di PP e 2% altri materiali. La maggior parte delle particelle trovate in tutti i campioni hanno un intervallo in dimensione tra 5 e 20 μm e solo il 7% risultano maggiori di 100 μm. La presenza preponderante di microplastica in PET nelle bottiglie polimeriche indicherebbe che la fonte di contaminazione sia la bottiglia stessa. Inoltre il numero maggiore nelle bottiglie multiuso suggerisce che sia un maggiore stress meccanico della plastica a far rilasciare più particelle.

A marzo del 2019 è stato pubblicato uno studio rivoluzionario dell'Università di Catania, portato avanti grazie a un brevetto italiano che prevede nuove tecniche di analisi altamente accurate: il pregio principale della ricerca è stato quello di valutare la presenza e la quantità di microplastica al di sotto dei 10 µm. Altro obiettivo dei ricercatori è stato quello di indagare se le proprietà fisicochimiche delle acque minerali e la qualità delle bottiglie possano influenzare il rilascio delle microplastiche, stimando in tal modo con maggiore accuratezza l'esposizione giornaliera umana dovuta al consumo di acqua minerale in bottiglia.

Sono state esaminate dieci marche di largo consumo di acqua minerale, sia naturale che gassata, in bottiglie di PET da 500 ml. Le microplastiche sono risultate presenti in tutti i campioni osservati, con concentrazione di 656,8 µg per litro e diametro 2,44 µm. La contaminazione da plastica risulta correlata al pH dell'acqua e alla densità della plastica usata per la bottiglia. L'acqua minerale più contaminata è stata quella contenuta in una bottiglia dalla qualità più scadente. La plastica più deformabile e il pH debolmente alcalino dell'acqua aumenterebbero il numero delle più piccole microplastiche.

La concentrazione di microplastiche riscontrate oscillava tra i 100 e i 3000 µg per litro. Questa stima evidenzia l'elevata quantità di microplastiche ingerite quotidianamente con l'acqua minerale in bottiglia. Si capisce bene come tali dati, se saranno confermati da studi futuri, rivelino l'esistenza di un rischio importante per la salute pubblica che non dovrebbe essere sottovalutato. Anche perché l'incorporazione di particelle microplastiche può comportare l'introduzione di qualsiasi sostanza associata alle bottiglie.

Anche per le bevande lo scenario è preoccupante. Nel 2018 uno studio commissionato dalla rivista «il Salvagente» ha analizzato il contenuto di microplastica medio a bottiglia per diverse bevande (soft drink). Sono stati presi in esame campioni di bibite comuni comprate nei supermercati italiani e tutte contenute in bottiglie di plastica: tutti i campioni sono risultati contaminati e i valori partono da un minimo di 0,89 microparticelle per litro a un massimo di 18,89.

## Miele e birra: dolcezza e polimeri

Nel caso del miele e la birra, due studi importanti fanno luce sulla contaminazione da plastica ed entrambi sono stati condotti in Germania. Il primo risale al 2013 e analizza campioni di miele di origine diversa, alcuni dai supermercati e altri prelevati direttamente da aziende di apicoltura di piccole dimensioni.

Sono stati trovati mediamente 0,166 fibre polimeriche colorate per grammo e 0,009 frammenti di plastica per grammo.

Tali fibre e frammenti potrebbero avere un'origine di tipo ambientale, ossia potrebbero essere trasportati dalle api nell'alveare o derivare dalle fasi di produzione del miele, ma potrebbero anche risultare dalla somma dei due eventi.

Sempre dalla Germania è arrivato nel 2014 il primo studio su ventiquattro marche di birra nazionali e distribuite nei comuni supermercati di cui dieci tra le più popolari (dodici di Pilsener normale, cinque di frumento e sette Pilsener senza alcool). L'obiettivo era calcolare il loro contenuto in fibre, frammenti e granuli polimerici. È emerso che la presenza varia da 0,002 a 0,079 fibre plastiche per ml di birra, da 0,012 a 0,109 frammenti plastici per ml e da 0,002 a 0,066 granuli plastici per ml.

I ricercatori hanno ipotizzato diverse origini: particelle atmosferiche di microplastica, materiali utilizzati nel processo di produzione della birra, impurità indesiderate sulle superfici delle bottiglie e contaminazione delle materie prime nel loro processo di trasformazione.

Nel 2017 è il turno di uno studio sulla contaminazione da microplastiche delle birre americane. Le analisi hanno riguardato dodici marche di birra prodotte nella zona dei Grandi Laghi. I produttori nello specifico utilizzavano l'acqua degli acquedotti pubblici proveniente dagli stessi laghi. Tre birrifici attingevano acqua dal lago Superiore, quattro dal lago Michigan, uno dal lago Huron, due dal lago Erie e due dal Lago Ontario.

Le birre in esame erano della tipologia in commercio in lattine di alluminio o in bottiglie di vetro.

Particelle di origine antropogenica sono state trovate in tutte e dodici le marche di birra testate, variando da 0 a 14,3 particelle per litro. La stragrande maggioranza è stata classificata come fibre lunghe circa 0,98 μm.

I dati sono stati poi confrontati con le fonti di acqua utilizzate per la produzione e sembrano non avere correlazione. Pertanto la presenza delle fibre potrebbe essere il risultato della produzione della birra stessa.

I ricercatori hanno stimato quindi che un individuo che consuma una singola birra in lattina al giorno da 0,33 litri può arrivare a ingerire mediamente 520 particelle di plastica l'anno.

## Ecosistemi terrestri, agricoltura e zootecnia

La ricerca sulla contaminazione da plastica degli ecosistemi terrestri è appena agli inizi e in ritardo rispetto agli ambienti marini. Molto è ancora da chiarire soprattutto per la comprensione degli effetti delle particelle, ormai onnipresenti e persistenti, sulla biodiversità, sulle funzioni del suolo e le ricadute sui sistemi naturali, agricoli e zootecnici.

Vista la carenza di studi non si può escludere a priori che non si verifichino gli stessi fenomeni che si osservano negli ambienti acquatici: accumulo del contaminante plastica ai vari livelli della rete alimentare del suolo.

Gli agro-ecosistemi sono probabilmente gli ambienti terrestri più contaminati dalla plastica escludendo le discariche, gli spazi urbani e le coste.

Le microplastiche possono entrare nei sistemi agricoli per molte vie: per via primaria, ossia attraverso l'acqua, le vernici, le applicazioni mediche ed elettroniche, i rivestimenti adesivi che entrano a contatto diretto col suolo; oppure per via indiretta, causata dalla lacerazione di detriti di plastica più grandi. Tra le fonti dirette si devono includere i teli di pacciamatura in plastica e materiali per le serre, le schiume di poliuretano e i fiocchi di polistirene per l'impermeabilizzazione dei terreni. Altre fonti indirette di microplastiche derivano dai rifiuti solidi urbani (l'indifferenziato) o dai rifiuti misti (derivanti dalle attività industriali o edili) e differenziati, dai rifiuti organici dei giardini e dall'uso di acque reflue trattate e biosolidi (sottoprodotto del processo di trattamento delle acque reflue utilizzato come fertilizzante).

La quantità pro capite di microplastica rilasciata nell'ambiente varia notevolmente a seconda delle regioni studiate in funzione delle dimensioni della popolazione, dell'affluenza, della presenza e dell'efficacia della gestione dei rifiuti. In Europa, considerando solo i biosolidi, si stimano circa dalle 63.000 alle 430.000 tonnellate di microplastica immesse annualmente negli agro-ecosistemi.

Il polietilene, le fibre di plastica e il polistirolo espanso possono occupare il 5% di peso nel compost da rifiuti solidi misti, con dimensioni che vanno dai 420 μm fino ai 25 mm.

Una volta nel terreno, la plastica può spostarsi verticalmente e scendere in profondità, sia grazie alle attività degli organismi che vivono nel suolo, come i lombrichi e i collemboli, sia per le pratiche agricole quali l'aratura. Questo spostamento verso il sottosuolo contribuisce a bloccare la foto e la termodegradazione, che, come in mare, sono condizioni fondamentali per ridurre le dimensioni dei polimeri. Nel sottosuolo si possono innescare condizioni anaerobiche che quindi inibiscono la degradazione ossidativa. L'insieme di questi fattori non permette la diminuzione del peso molecolare delle particelle di plastica, elemento fondamentale per un'eventuale biodegradazione.

Come abbiamo visto nei capitoli precedenti, le materie plastiche sono una miscela complessa di polimeri, catalizzatori e additivi che quindi influenzano le interazioni con la materia organica e inorganica del suolo. Si consideri, poi, come per tutti i settori fin qui analizzati, che oltre al cocktail degli addittivi chimici usati nella produzione delle plastiche vanno aggiunti tutti i vari pesticidi usati in agricoltura che si sedimentano sulla superficie plastica, per esempio nella pacciamatura, come vedremo meglio più avanti.

Valutare l'entità degli impatti per la sostenibilità agricola e la salute umana è tutt'altro che facile. La microplastica può potenzialmente avere un impatto sul suolo, sulle colture e sul bestiame, sia direttamente per contatto, sia diventando le particelle stesse perturbatori endocrini con il loro carico di additivi e agendo indirettamente sugli organismi.

Una rilevante fonte di emissione di microplastiche nei terreni agricoli è ormai accertato derivi dai fanghi prodotti dagli impianti di trattamento delle acque reflue urbane. Le conseguenze sono ancora sconosciute sia per la sostenibilità sia per la sicurezza alimentare. Le acque reflue includono tutte le plastiche che si utilizzano in aree urbane e residenziali: un grande mix di polvere di pneumatici, fibre provenienti da lavaggi, sabbiature, erbe artificiali e vernici polimeriche.

Generalmente il trattamento delle acque reflue può arrivare a trattenere il 90% delle microplastiche in funzione delle loro dimensioni e densità. Questi frammenti filtrati si accumulano nei fanghi prodotti dagli impianti di trattamento, fanghi che a loro volta sono utilizzati come fertilizzante nei terreni agricoli. È una pratica usata globalmente con un impatto positivo sulla fertilità del suolo ed è ancora essenziale in molti paesi del mondo. Tuttavia l'uso di questi fanghi apre una strada privilegiata alla contaminazione da microplastiche nei terreni agricoli. Si stima che nei campi coltivati europei, attraverso l'applicazione diretta dei fanghi di depurazione o come biosolidi, ogni anno vengano immesse tra le 125 e le 850 tonnellate di microplastiche per milione di abitanti.

Va precisato, inoltre, che l'accumulo nei suoli di plastica derivante da fanghi dipende dal numero di applicazioni fatte nel tempo: più volte è stato usato il fango, più plastiche vi si troveranno.

Certificato che particelle e fibre sintetiche si accumulano nei terreni trattati con fanghi, rimane da comprendere quali siano gli impatti a cascata per la sostenibilità agricola, per la salute umana, per gli ecosistemi, per le colture e per il bestiame da latte e da carne, considerando anche gli additivi chimici aggiunti alle plastiche in fase di produzione.

Un problema che si somma a quello dei fanghi deriva dal compost organico da rifiuti biologici domestici, comunemente utilizzati per ridare nell'agricoltura biologica nutrienti, oligoelementi e humus ai terreni in maniera corretta da un punto di vista ecologico. Anche il compost è contaminato da materiale plastico nonostante le attente procedure di vagliatura e setacciatura. Quindi, gli stessi fertilizzanti organici possono essere una fonte di contaminazione da plastiche per l'ambiente agricolo.

Si accennava poco sopra alla pacciamatura che grazie ai film sintetici di rivestimento è una tecnica ampiamente impiegata nei sistemi di produzione agricola intensiva per molti vantaggi: per modificare le temperature del suolo, per la riduzione dell'evaporazione e traspirazione, per controllare le erbe infestanti, per ridurre le imperfezioni del suolo. La pacciamatura con i teli è inoltre utilizzata come importante pratica di raccolta e risparmio dell'acqua per una coltivazione più efficiente nelle aree aride e semi-aride. Il successo di questi teli – che possono avere uno spessore tra 6 μm e 20 μm – ha fatto sì che il loro utilizzo in agricoltura sia aumentato in modo significativo da 6000 tonnellate nel 1982 a 1,2 milioni di tonnellate nel 2011. Nei primi anni Duemila sono stati utilizzati annualmente 0,7 milioni di tonnellate di film di pacciamatura in tutto il mondo. La Cina è il maggiore utilizzatore e raggiunge l'80% del consumo mondiale. In questo paese sono circa 20 milioni gli ettari di terreni agricoli coperti con la pacciamatura di plastica che viene applicata in ogni ciclo di coltura, arricchendo ogni volta i terreni di residui plastici lasciati intenzionalmente o meno sul campo dagli agricoltori. Una ricerca multiautore del 2018 dell'Università olandese di Wageningen, ha calcolato che nella regione dello Xinjiang, dove la pacciamatura è una pratica molto usata, il contenuto di plastica residua nei campi può variare da 0 a 502 kg per ettaro. Durante l'uso e il degrado del film plastico inquinanti come gli ftalati vengono continuamente rilasciati nel suolo, costituendo così una minaccia a lungo termine per l'integrità del terreno e la sicurezza alimentare. Vari studi hanno rilevato la presenza di ftalati nei campi, ma anche in verdure, frutta e cereali, nel grano, nel riso e persino nelle coltivazioni in serra.

La contaminazione indiretta, come abbiamo visto, passa attraverso alcuni insetti che abitano il suolo e anche le piante. Alcune ricerche hanno già dimostrato che le particelle di plastica mescolate con terreni contenenti lombrichi causano in quest'ultimi un'elevata mortalità e un tasso di crescita ridotto. Approfondimenti sui ritardanti di fiamma (difenil-polibromurato) miscelati con i polimeri plastici e biodisponibili hanno dimostrato che questi, grazie al deterioramento della plastica e conseguente rilascio dell'additivo per volatilizzazione, contaminano i terreni e si accumulano nei lombrichi e quindi vengono trasferiti a livelli trofici più alti.

Nei lombrichi, due risultati sono stati osservati finora in esperimenti controllati. Nel primo, gli organismi sopravvivono e trasportano le microplastiche frammentate durante la digestione nel terreno attraverso la defecazione o il movimento. Nel secondo l'organismo soffre di perdita di peso e muore se la concentrazione e l'esposizione alla plastica sono alte.

Poiché dalla presenza e dall'attività dei lombrichi dipende la porosità del suolo e la sua permeabilizzazione all'acqua s'ipotizza che la ridotta attività, la funzionalità pregiudicata e l'elevata mortalità dei lombrichi, dovute all'azione della plastica, compromettano la porosità del suolo e le sue stesse proprietà fisiche.

Per quanto riguarda l'assorbimento delle piante, le nanoplastiche per via delle dimensioni possono penetrare le membrane delle cellule vegetali: l'assorbimento di nanopolistrene tra i 20 e i 40 nm, per esempio, è stato osservato per le cellule delle piante di tabacco.

Le specie vegetali variano nel loro assorbimento, traslocazione e accumulazione di contaminanti a causa di una serie di differenze fisiologiche che riguardano le proprietà delle radici e dello xilema, la traspirazione, il tasso di crescita, le frazioni di acqua e lipidi, il potenziale della membrana plasmatica, il potenziale del tonoplasto, il citoplasma, il pH e così via.

Resta molto da approfondire sulla tossicità delle nanoplastiche sulle piante e quali siano gli effetti sulla germinazione, sull'allungamento delle radici, sulla crescita e sul danno cellulare.

È anche vero che le specie vegetali possono metabolizzare una serie di sostanze inquinanti, compreso il policloruro e gli idrocarburi policiclici, che sono spesso immagazzinate in varie parti delle piante stesse. Ne è esempio la canapa utilizzata per bonificare i terreni agricoli in passato usati come discariche illegali di rifiuti tossici nocivi. Tuttavia, è anche necessario determinare se i processi di disintossicazione producano metaboliti innocui o nuove tossine che potrebbero essere introdotte nel cibo. Alcune stime effettuate con modelli di assorbimento delle piante e quantità di microinquinanti nelle acque d'irrigazione indicano che l'esposizione umana a 27 microinquinanti emergenti (compresi prodotti farmaceutici, profumi, ritardanti di fiamma e plastificanti) attraverso il consumo di frutta e verdura è ormai certa.

## Le insidie del packaging

Prima di arrivare alla tavola ogni alimento passa dalla fase del confezionamento. Il packaging è il settore di applicazione leader per la plastica. Il 35-40% della produzione delle resine plastiche è destinato a questo settore al cui interno la fetta più grande è diretta all'imballaggio per alimenti, seguito dalle bevande. Nel 2008 le confezioni per alimenti e bevande costituivano il 55-65% di tutto il packaging prodotto negli Stati Uniti e di questa percentuale il 38% era formato da plastica sotto forma di contenitori rigidi, imballaggi in cartone e lattine di metallo con una pellicola di plastica sulla superficie interna a contatto con il cibo, infine pacchi multistrato come il Tetrapak. La funzione principale di un imballaggio di plastica è salvaguardare il contenuto, offrendo protezione meccanica e controllo della contaminazione chimica o biologica, prolungare la durata di conservazione degli alimenti e ridurre gli sprechi di cibo.

Gli imballaggi e le materie plastiche per il settore alimentare hanno una vita breve rispetto ad altri prodotti di plastica e breve è anche la via per diventare rifiuti. Trattandosi di un settore ad alto volume di produzione elevata sarà la quantità di imballaggi plastici che diventano rifiuto urbano, complicando la gestione della raccolta e del riciclaggio con i suoi limiti di efficienza. In molti casi sono le stesse aziende produttrici a imporre l'utilizzo di una quantità di materiali di imballaggio in eccesso rispetto a quanto realmente necessario (un fenomeno detto *overpackaging*), dato che per alcuni prodotti, come la frutta con la sua buccia naturale, non vi sia l'esigenza di protezioni plastiche.

A questo panorama già di per sé complicato si somma il fatto che parte della plastica viene utilizzata a contatto diretto con gli alimenti o con le bevande e la possibilità che fuoriescano additivi e monomeri residui desta preoccupazione.

Idealmente, la confezione plastica dovrebbe essere un contenitore inerte e non avere interazioni con il cibo. In realtà, purtroppo avvengono diverse contaminazioni che influenzano la sicurezza degli alimenti e ne determinano la tossicità. Ci può essere «permeazione», ossia il trasferimento di gas o vapori, in particolare ossigeno e umidità attraverso il pacchetto o il contenitore. Ci può essere una migrazione degli additivi come pure un trasferimento dell'inchiostro da stampa. In generale, gli imballaggi plastici possono assorbire inquinanti ambientali che a loro volta interagiscono con l'alimento.

La tossicità correlata alla plastica è attribuita alle seguenti classi di contaminanti: residui di catalizzatore, monomero residuo, come il Bisfenolo A (BPA), stirene e vinilcloruro e oligomeri a bassissimo peso molecolare presenti nella resina di plastica, additivi come gli ftalati, antiossidanti aggiunti alla plastica durante la polimerizzazione.

La migrazione degli additivi dall'imballaggio al cibo dipende da diversi fattori: le caratteristiche della plastica, la temperatura, l'umidità, l'acidità ma anche il tipo di alimento (per esempio alimenti grassi assorbono concentrazioni superiori di additivi).

Gli esteri dell'acido ftalico (PAE) o più comunemente ftalati sono plastificanti usati ampiamente per il confezionamento di cibi pronti o bevande vendute nella grande distribuzione. Da tempo sono noti per essere interferenti endocrini. Ma gli ftalati non sono legati chimicamente con la plastica, per esempio con legami covalenti, pertanto si muovono e tendono a migrare dalla confezione all'alimento o alla bevanda. E dato che i cibi pronti sono diventati negli ultimi anni molto popolari per la loro convenienza, praticità e gusto, il contatto diffuso con il relativo packaging espone i consumatori a rischi cancerogeni, teratogenesi e mutagenesi, rischi verso i quali i bambini sono seriamente più indifesi rispetto agli adulti.

La famiglia degli ftalati comprende più sostanze, molte delle quali sono state trovate in campioni di cibo e acqua minerale, nello yogurt, nelle insalate e nelle verdure, tutti confezionati in contenitori o buste di plastica. Nel febbraio del 2019 è uscito uno studio cinese che ha affrontato per la prima volta specificatamente la migrazione degli ftalati contenuti nelle plastiche degli imballaggi quando sono a contatto con cibi, valutando l'accumulo e il rischio per la salute umana. La migrazione dipende dalla temperatura (più si alza e maggiore sarà il trasferimento verso l'alimento) e dalla durata dell'impacchettamento del prodotto alimentare (più a lungo rimane a contatto maggiore sarà la quantità di ftalati che si sposteranno nel cibo). Le dosi tollerabili a seconda dello ftalato – DEHP o ftalato di bis(2-etilesile) e DBP o ftalato di dibutile – variano da 0,05 mg per kg al giorno per DEHP a 0,01 mg per kg al giorno per DBP. Dalla ricerca, che ha analizzato 283 campioni di cibi pronti e si è concentrata su vari prodotti, è emerso per esempio che gli alimenti ricchi di grassi, come i dolci, e pure i prodotti ormai vicini alla data di scadenza, mostrano maggior accumulo di plastica. I risultati più preoccupanti riguardano i bambini, più soggetti a essere colpiti dalla migrazione degli ftalati rispetto agli anziani, mentre tra gli adulti le donne risultano più esposte degli uomini.

I prodotti in polistirene possono contenere fino a 153-458 ppm (parti per milione) di residui di stirene che si possono liberare entrando in contatto diretto con alimenti o bevande. Lo stesso studio cinese ha appurato, per esempio, che le uova contenute nelle comuni confezioni di polistirene e lasciate per due settimane presentavano livelli sette volte più elevati di stirene ed etilbenzene rispetto alle uova fresche. Questa migrazione, con pochi dubbi, potrebbe avvenire con moltissimi alimenti come bevande, cibi grassi, carne o latticini.

Il dato è molto preoccupante perché lo stirene è classificato come possibile cancerogeno per l'uomo. Infatti il principale ossido di stirene (stirene 7,8-ossido) è mutageno ed è stato provato che l'esposizione professionale allo stirene aumenta il rischio di carcinoma linfatico.

L'OMS ha calcolato un'assunzione giornaliera di stirene tollerabile di 7,7 μg per kg di peso corporeo o 0,46 mg a persona al giorno per un individuo di 60 kg di sesso maschile, il che comporta una standardizzazione che trascura la tossicità nei bambini e nelle donne. Questa tipologia di standardizzazione riguarda tutti gli studi sulle sostanze tossiche.

## PLASTICHE E SALUTE UMANA

Come abbiamo visto, la letteratura scientifica ha ormai accertato il rischio per l'uomo di ingerire plastiche sotto forma di piccole particelle e fibre da più fonti: frutti di mare e pesce, acqua in bottiglia, sale, alcool, miele e zucchero. Uno studio del 2019, *Human consumption of microplastics*, ci offre una sintesi delle principali tipologie di microplastiche presenti negli alimenti appena citati.

**PERCENTUALI DI MICROPLASTICHE IN ALCUNI ALIMENTI E LIQUIDI**

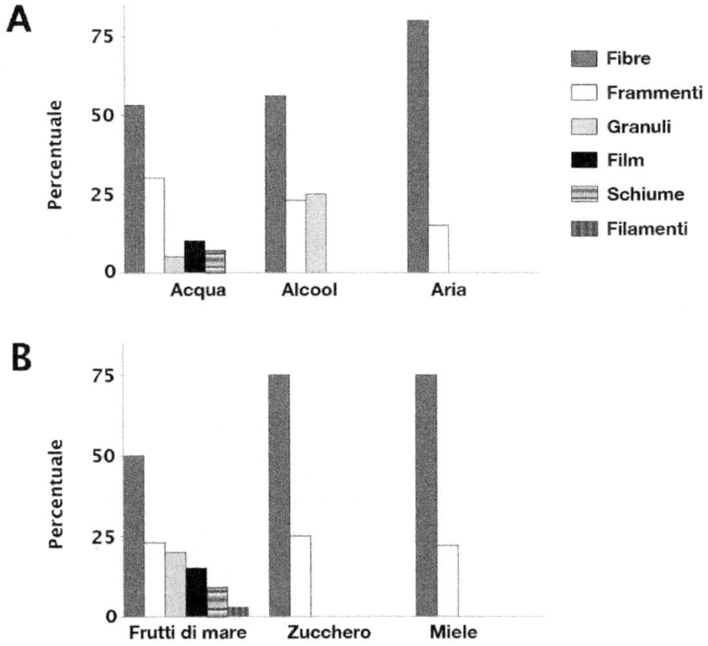


*Fonte*: Cox K.D., Coverton G.A., Davies H.L., Dower J.F., Juanes F., Dudas S.E., *Human Consumption of Microplastics*, «Environ Sci Technol.», 2019.

Tuttavia a oggi mancano ricerche approfondite su una larga parte di prodotti alimentari quali manzo e pollame, formaggi, verdure, frutta, cereali, e molti altri. I valori dei micro-frammenti plastici assunti variano moltissimo in base alle aree geografiche studiate, alla dieta, l'età e il sesso dei soggetti analizzati e alla tipologia d'imballaggio scelta dal consumatore all'atto dell'acquisto. A questo insieme di valori vanno aggiunti quelli della plastica inalata, un parametro che varia in base agli ambienti frequentati – casa, luogo di lavoro, ambienti esterni e zone industriali. Le microplastiche disperse nell'aria possono trasportare sostanze inquinanti derivanti dall'ambiente circostante. Negli ambienti urbani, per esempio, possono trasportare gli idrocarburi policiclici aromatici, presenti nel carbone e nel catrame, e alcuni metalli. Oltre un certo livello di esposizione, l'inalazione di fibre di plastica sembra produrre un'infiammazione delle vie respiratorie.

Come emerge dagli studi fin qui citati, il consumo di pesce e acque imbottigliate è il maggior vettore di assunzione di plastiche nell'alimentazione umana. Bere acqua dal rubinetto, per esempio, diminuisce mediamente di ventidue volte l'assunzione di microplastiche. Tuttavia, le stime sul consumo di microplastiche sono probabilmente molto sottovalutate nel complesso.

Ma gli effetti che le particelle polimeriche possono avere sulla salute umana sono ancora sconosciuti e solo da poco tempo la ricerca sta affrontando studi dedicati. Si sa che una volta nell'intestino le microplastiche rilasciano monomeri residui, additivi e tossine il che potrebbe comportare danni fisiologici che vanno dallo stress ossidativo a effetti cancerogeni. Le particelle più piccole possono ulteriormente penetrare nel corpo umano attraverso l'assorbimento cellulare quindi migrare nei polmoni o in altri apparati tramite trasporto cellulare. L'assorbimento e il movimento delle particelle dipendono sostanzialmente da alcune proprietà della plastica stessa: forma, dimensione, solubilità e chimica di superficie. Le particelle con dimensioni che vanno da pochi micron in giù possono essere assorbite direttamente dalle cellule nei polmoni o nell'intestino mentre i frammenti fino a 10 µm possono essere assorbiti dalle placche di Peyer, grandi aggregati linfoidi sparsi nella tonaca mucosa dell'intestino tenue in particolare nella zona dell'ileo.

In generale le particelle di microplastica inferiori a 130 µm di diametro potenzialmente traslocano nei tessuti umani e sono in grado di innescare risposte immunitarie localizzate.

Si è già detto del rischio rappresentato dagli additivi che possono migrare dalla matrice plastica a causa dei processi di depolimerizzazione e lisciviazione e possono aumentare la citotossicità e la risposta infiammatoria. Molti additivi sono idrofobici e sono ampiamente distribuiti nei tessuti più lipofili e pertanto vengono eliminati più lentamente dal corpo. Per esempio, il PVC può causare danni maggiori a causa del prolungato rilascio di cloruro di vinile, uno dei principali fattori di rischio per l'insorgenza di alcuni tumori. Altri additivi influiscono sulla funzione sessuale, sulla fertilità e sull'aumentata presenza di mutazioni genetiche.

Purtroppo diversi fra i prodotti chimici utilizzati nelle materie plastiche sono presenti in molti ambiti delle nostre vite: a partire dagli ftalati che si trovano nei sacchi e nei giochi; oppure il triclosan, un antibatterico presente in stoviglie e giocattoli; o ancora i ritardanti di fiamma bromurati che possono trovarsi nei mobili. A questi composti se ne aggiungono altri quali il bisfenolo e gli organostannici. Per esempio il bisfenolo A esercita la sua attività biologica prevalentemente attraverso l'interazione con i recettori degli ormoni steroidei, mostrando attività estrogenica e antiandrogenica influenzando la fertilità, distruggendo l'ormone tiroideo, favorendo l'obesità, aumentando il rischio di tumori alla prostata, alla mammella e causando l'insorgenza di disordini neurocomportamentali, incluso l'autismo. Il bisfenolo A è ampiamente diffuso tanto che solo in Europa se ne utilizza un milione di tonnellate l'anno. La ECHA (European Chemical Agency) lo ha classificato come «estremamente preoccupante» e nel 2011 la UE ne ha bandito l'impiego nei biberon, fissando dei parametri per ciò che riguarda le sue concentrazioni nelle plastiche a uso alimentare. Tuttavia sembra che anche le dosi minime attualmente consentite siano in grado di causare effetti dannosi per la salute.

Anche per gli ftalati sono stati riscontrati effetti negativi importanti perché essendo anch'essi modulatori ormonali possono influenzare i livelli di testosterone. Diversi esperimenti sui ratti hanno riconosciuto che causano cambiamenti drammatici nei sistemi riproduttivi dei feti. I cuccioli nascono con testicoli non sviluppati o assenti. Alcuni mostrano ipospadia, una conformazione anomala degli organi genitali maschili esterni durante lo sviluppo dell'embrione; altri presentano inoltre una distanza ridotta tra l'ano e il pene. Queste manifestazioni sono così caratteristiche che nel tempo sono state battezzate con il nome di «sindrome dello ftalato». Nell'uomo porta a una minore fertilità e a tumori testicolari, nelle donne cisti ovariche e diminuzione del periodo fertile sono alcuni fenomeni correlati.

Il numero dei bambini che manifestano ipospadia è aumentato dagli anni Sessanta a oggi e si registrano tassi crescenti di infertilità maschile.

L'esposizione umana a questo contaminante è davvero notevole e lo dimostrano i risultati dei biomonitoraggi condotti da diversi ricercatori americani che hanno rilevato ftalati nel sangue, nelle urine, nella saliva, nel latte materno e nel liquido amniotico.

Altro tema emergente nelle ricerche odierne sugli impatti della plastica sulla salute umana è quello delle nanoplastiche. Poco è stato fatto finora e il materiale maggiormente studiato è il polistirolo. Sebbene alcune dinamiche tra microplastica e nanoplastica possano essere simili, le differenze non sono banali e meritano attenzioni specifiche, oltre a destare legittime preoccupazioni.

Nella definizione di nanoplastica rientrano quelle particelle polimeriche con dimensioni che vanno da 1 nanometro (nm) ($1.0 \times 10^{-9}$ metri, in pratica un miliardesimo di metro) a 1000 nm, risultanti dalla degradazione di oggetti di plastica; queste particelle possono presentare un comportamento colloidale, ossia quando una sostanza in fase liquida, solida o gassosa si disperde finemente in un altro stato sotto forma di microgoccioline o microgranuli (come nel caso dell'aerosol, le schiume, le emulsioni, il gel).

Negli ultimi anni diversi studi sperimentali hanno utilizzato nanoparticelle di polistirolo e hanno evidenziato come vari organismi quali la pulce di mare (un piccolo crostaceo planctonico), le cozze, lo zooplancton e le alghe possono ingerire attivamente particelle nanoplastiche o assorbirle sulle loro superfici. In laboratorio sono stati studiati gli effetti delle nanoparticelle di polistirolo in varie concentrazioni e modificate con vari additivi. L'esposizione è risultata impattante e sono state osservate diverse reazioni a seconda delle specie e delle concentrazioni. Per esempio l'esposizione sugli emociti della cozza *Mytilus galloprovincialis* ne ha provocato l'apoptosi (morte cellulare) in un'ora. Sulla cozza *Mytilus edulis* si è constatato un effetto negativo sul comportamento alimentare a causa di una ridotta attività di filtraggio in presenza delle particelle. Le ostriche del Pacifico (*Crassostrea gigas*) esposte al polistirolo hanno mostrato un aumento della tossicità sia per i gameti che per gli embrioni, sembra soprattutto nella fase larvale planctonica. L'accumulo di nanoparticelle di polistirene negli embrioni dei ricci di mare ha indotto cambiamenti nell'espressione genica e nell'embriotossicità. Anche nella pulce di mare (*Daphnia pulex*), lo stress all'esposizione ha portato come conseguenza cambiamenti fisiologici e diminuzione dell'espressione genica di difesa. Nei pesci il polistirene influisce sul sistema immunitario, causa infiammazioni varie e accumulo di lipidi nel fegato. Le particelle possono essere assorbite e distribuirsi all'interno di embrioni e larve, possono essere trovate nel sacco vitellino e migrare nel tratto gastrointestinale, nella cistifellea, nel fegato, nel pancreas, nel cuore e nel cervello e creare disturbi comportamentali. Le nanoparticelle di polistirene sono state rilevate persino nel tessuto cerebrale di tutti i pesci, una scoperta che ha dimostrato per la prima volta come questi microframmenti possono essere trasportati attraverso la barriera emato-encefalica nei pesci.

Se i rischi ambientali e per la fauna, soprattutto ittica, derivanti dai materiali plastici in scala nanometrica hanno sollevato una generale preoccupazione, è soprattutto per la salute umana che è necessario comprendere gli effetti dovuti all'esposizione. A oggi le poche ricerche si basano sugli studi in vitro su cellule umane e gli effetti analizzati risultano negativi implicando tossicità cellulare, infiammazione o stress ossidativo e attivazione del sistema immunitario. L'esposizione umana alla nanoplastica può avvenire per inalazione orale, ingestione o assorbimento attraverso la pelle. L'inalazione è probabilmente rilevante nei luoghi di lavoro che comportano la presenza di nanoplastica. Il contatto con la pelle può verificarsi attraverso l'uso di prodotti per la cura della persona. L'ingestione rappresenta la principale via d'ingresso.

I polmoni hanno una barriera tissutale molto sottile il che consente alle nanoparticelle di penetrare nel sistema sanguigno capillare e distribuirsi in tutto il corpo umano. Diversi studi hanno dimostrato che l'esposizione a polimeri sintetici può avere effetti negativi sulla salute se questi vengono assorbiti dall'apparato respiratorio. I luoghi chiusi come le case e gli uffici hanno carichi di nanoplastiche di origine petrolchimica maggiori rispetto agli ambienti aperti. Le zone urbane hanno maggior quantità di nanoplastiche rispetto alle aree suburbane. Alcuni studi suggeriscono che l'esposizione umana alle nanoplastiche per inalazione si potrebbe verificare tramite l'aerosol marino, derivante dall'azione delle onde contenenti microparticelle polimeriche e quindi trasportabili dal vento dagli ambienti costieri.

Il tratto gastrointestinale, con la sua ampia superficie di 200 $m^2$, rappresenta il sito di esposizione principale per l'assorbimento di particelle di plastica che potrebbe verificarsi per deglutizione. Recenti studi hanno dimostrato che le nanoparticelle di 44 nm di polistirolo si accumulano più rapidamente ed efficacemente nelle cellule di adenocarcinoma gastrico umano rispetto a particelle identiche con diametro di 100 nm. Inoltre influenzano la regolazione delle proteine del sistema immunitario per le patologie gastriche. L'esposizione orale acuta a nanoparticelle di polistirene può interrompere il trasporto intestinale di ferro e l'assorbimento cellulare.

La pelle, con una superficie di 2 $m^2$, è il più grande organo del corpo umano e costituisce una barriera protettiva contro influenze esterne come lesioni fisiche, agenti chimici o batteri. Le microsfere utilizzate in prodotti per l'igiene e la cura del corpo, come scrub e shampoo, sono lavorate meccanicamente il che comporta ulteriore frammentazione in nanoplastiche potenzialmente più pericolose.

I risultati della ricerca mettono in guardia sul fatto che alcuni ingredienti (per esempio urea, glicerolo, acidi alfaidrossilici) presenti nelle lozioni commerciali comuni per la cura possono migliorare la penetrazione delle nanoplastiche nella pelle. Una volta che le particelle di plastica entrano nel corpo umano possono superare le barriere tissutali ed essere trasportate attraverso il flusso sanguigno verso gli organi secondari. Studi in vitro hanno dimostrato che le nanoparticelle di polistirene carbossilato possono essere assorbite e penetrare nei globuli rossi, attuando un meccanismo di autostop che consente loro di evitare una rapida eliminazione da parte del fegato e della milza e quindi aumentarne il tempo di circolazione del corpo umano. Le barriere secondarie che possono essere raggiunte attraverso il flusso sanguigno includono la barriera placentare e la barriera emato-encefalica.

Le nanoparticelle di polistirene possono permeare facilmente nelle membrane a doppio strato lipidico, alterare la struttura della membrana e ridurre la diffusione molecolare alterando così le possibili funzioni cellulari. A questo va aggiunto che hanno la capacità di influenzare la funzione delle cellule epiteliali e i processi fisiologici.

Un'interessante considerazione è stata fatta su pazienti umani portatori di protesi articolari in polietilene. L'uso prolungato di questi dispositivi potrebbe portare al consumo per sfregamento e quindi alla produzione di nanoplastiche. Gli studi attualmente sembrano registrare eventi infiammatori e, nel peggiore dei casi, l'eventuale perdita dell'impianto. Il tessuto umano attorno alle protesi a base di polietilene ad altissimo peso molecolare contiene spesso un gran numero di piccole particelle con dimensioni che vanno da 0,2-10 μm per le microplastiche e 530 nm per la frazione nanometrica e il sistema immunitario risponde con eventi infiammatori. Pertanto oggi i chirurghi stanno utilizzando protesi con copertura in metallo.

Allo stato attuale mancano studi a lungo termine con esposizioni ripetute e test su più materiali plastici, come pure vanno migliorate le metodologie per il rilevamento delle nanoplastiche sia nelle matrici biologiche e ambientali sia nei tessuti organici perché i sistemi a oggi usati sono ancora impegnativi e poco affidabili.

# Bibliografia


Andrady Anthony L., *Plastics and the enviroment*, Wiley Interscience, John Wiley & Sons Publication 2003.

Andrady Anthony L., *Plastics and environmental sustainability*, Wiley & Sons Publication 2015.

Barboza L.G.A., Dick Vethaak A., Lavorante B.R.B.O., Lundebye AK., Guilhermino L., *Marine microplastic debris: An emerging issue for food security, food safety and human health*, «Marine Pollution Bulletin», 2018, volume 133, pp. 336-348, ISSN 0025-326X.

Bergmann Melanie, Gutow Lars, Klages Michael (a cura di), *Marine Anthropogenic Litter*, Springer Open 2015.

Cox K.D., Covernton G.A., Davies H.L., Dower J.F., Juanes F., Dudas S.E., *Human Consumption of Microplastics*, «Environ Sci Technol.», 2019, 53, 12, pp. 7068-7074, doi: 10.1021/acs.est.9b01517.

EFSA CONTAM Panel (EFSA Panel on Contaminants in the Food Chain), *Statement on the presence of microplastics and nanoplastics in food, with particular focus on seafood*, «EFSA Journal» 2016; 14(6): 4501, 30 pp.

Geyer R., Jambeck J.R., Law K.L., *Production, use, and fate of all plastics ever made*, «Science Advances», 2017, 3(7): e1700782.

Greco Silvestro, Bullo Raffaella, *Un'onda di plastica*, Manifestolibri 2018.

Kim J.S., Lee H.J., Kim S.K., Kim H.J., *Global Pattern of Microplastics (MPs) in Commercial Food-Grade Salts: Sea Salt as an Indicator of Seawater MP Pollution*, «Environ. Sci. Technol.», 2018 Just Accepted Manuscript, doi: 10.1021/acs.est.8b04180.

Kosuth M., Mason S.A., Wattenberg E.V., *Anthropogenic contamination of tap water, beer, and sea salt*, «PLoS ONE», 2018, 13(4): e0194970.

Lehner R., Weder C., Petri-Fink A., Rothen-Rutishauser B., *Emergence of nanoplastic in the environment and possible impact on human health*, «Environ. Sci. Technol.», 2019, doi: 10.1021/acs.est.8b05512.

Liebezeit G., Liebezeit E., *Synthetic particles as contaminants in German beers*, «Food Additives & Contaminants», 2014, Part A, 31:9, 1574-1578, doi: 10.1080/19440049.2014.945099.

Liebezeit G., Liebezeit E., *Origin of Synthetic Particles in Honeys*, «Pol. J. Food Nutr. Sci.», 2015, Vol. 65, No. 2, pp. 143-147 doi: 10.1515/pjfns-2015-0025.

Liebmann B., Köppel S., Philipp K., Bucsics T., Reiberger T., Schwabl P., *Assessment of microplastic concentrations in human stool - final results of a prospective study*, 2018, doi: 10.13140/RG.2.2.16638.02884.

Lusher A.L., Hollman P.C.H., Mendoza-Hill J.J., *Microplastics in fisheries and aquaculture: status of knowledge on their occurrence and implications for aquatic organisms and food safety*, FAO Fisheries and Aquaculture Technical Paper, n. 615, Rome, Italy, 2017.

Mintenig S.M., Löder M.G.J., Primpke S., Gerdts G., *Low numbers of microplastics detected in drinking water from ground water sources*, «Science of the Total Environment», 2019, 648, pp. 631-635, doi: 10.1016/j.scitotenv.2018.08.178.

Ng E.L., Huerta Lwanga E., Eldridge S.M., Johnston P., Hu H.W., Geissen V., Chen D., *An overview of microplastic and nanoplastic pollution in agroecosystems*, «Science of The Total Environment», 2018, volume 627, pp. 1377-1388, ISSN 0048-9697.

Nizzetto L., Futter M., Langaas S., *Are Agricultural Soils Dumps for Microplastics of Urban Origin?*, «Environmental Science & Technology», 2016, 50 (20), pp. 10777-10779 doi: 10.1021/acs.est.6b04140.

*No plastic in nature: assessing plastic ingestion from nature to people 2019* WWF International Dalberg The University of Newcastle.

Poutasse C.M., Herbstman J.B., Peterson M.E., Gordon J., Soboroff P.H., Holmes D., Gonzalez D., Tidwell L.G., Anderson K.A., *Silicone Pet Tags Associate Tris (1,3-dichloro-2-isopropyl) Phosphate Exposures with Feline Hyperthyroidism*, «American Chemical Society», 2019, doi: https://doi.org/10.1021/acs.est.9b02226

Quintili R., *La microplastica è servita*, «Il Salvagente», ottobre 2018, anno 27, numero 10.

Srebočan E., Barić Rafaj R., Prevendar Crnić A., Mrljak V., *Levels of polybrominated diphenyl ether congeners in the serum of dogs as a potential indicator of environmental pollution and human exposure – short communication*, «Veterinarski Arhiv», 2019, 89 (2), pp. 247-255.

Weithmann N., Möller J. N., Löder M. G. J., Piehl S., Laforsch C., Freitag R., *Organic fertilizer as a vehicle for the entry of microplastic into the environment*, «Sci. Adv.», 2018, 4, eaap8060.

Wang W., Gao H., Jin S., Li R., Na G., *The ecotoxicological effects of microplastics on aquatic food web, from primary producer to human: A review*, «Ecotoxicology and Environmental Safety», 2019, vol. 173, pp. 110-117, ISSN 0147-6513.

Weithmann N., Möller J.N., Löder M.G.J., Piehl S., Laforsch C., Freitag R., *Organic fertilizer as a vehicle for the entry of microplastic into the environment*, «Science Advances», 2018, vol. 4, n. 4, doi: 10.1126/sciadv.aap8060.

Welle F., Franz R., *Microplastic in bottled natural mineral water – literature review and considerations on exposure and risk assessment*, «Food Additives & Contaminants», 2018, Part A, pp. 2482-2492, doi: 10.1080/19440049.2018.1543957.

Yang J., Song W., Wang X., Li Y., Sun J., Gong W., Sun C., *Migration of phthalates from plastic packages to convenience foods and its cumulative health risk assessments*, «Food Additives & Contaminants», 2019, doi 10.1080/19393210.2019.1574909.

Zuccarello P., Ferrante M., Cristaldi A., Copat C., Grasso A., Sangregorio D., Fiore M., Oliveri Conti G., *Exposure to Microplastics (10 µm) associated to plastic bottles mineral water consumption: the first quantitative study*, «Water Research», 2019, doi:10.1016/j.watres.2019.03.091.

CAPITOLO 4

# Plastica: tra soluzioni e riflessioni

## Effetti sul cambiamento climatico

Negli ultimi tempi la comunicazione ambientale dedicata al mare si è incentrata quasi esclusivamente sul problema dell'inquinamento prodotto dalle plastiche: problema enorme, come visto nelle pagine precedenti, di difficile soluzione nell'immediato e verso il quale sono ancora lacunose e tardive le azioni da studiare e intraprendere per mitigarne le conseguenze. Non è di certo la questione più urgente per la salvaguardia del sistema «mare» che soffre di ben più gravi emergenze. Il mondo scientifico è diviso sul modo in cui trattare la plastica: da un lato vi è chi ne esalta i rischi, dall'altro chi ne esecra la sovraesposizione mediatica. Come sempre la verità è nel mezzo: se è vero che una sola cannuccia o una busta o un bicchiere di plastica non sono un problema, è altresì vero l'antico detto di Paracelso: «Nulla è di per sé veleno, tutto è di per sé veleno, è la dose che fa il veleno». E la dose di plastica che gli oceani devono sopportare nei vari angoli del pianeta si aggira tra gli 8 e i 13 milioni di tonnellate l'anno, una quantità davvero preoccupante. L'occupazione mediatica della plastica può essere sfruttata, proprio in virtù della sua plasmabilità, per arrivare ad affrontare in pubblico tutte le questioni ambientali e sociali prodotte dalla sua dispersione. La plastica si modella non solo in oggetti ma anche in una serie di tematiche connesse: cambiamenti climatici, contaminanti, erosione degli ecosistemi, specie aliene, crollo della biodiversità, influsso sui servizi ecosistemici*, gestione dei rifiuti e traffici illeciti degli stessi con l'inevitabile corollario di salute pubblica.

Con l'aumento della popolazione umana, con l'urbanizzazione concentrata soprattutto nelle aree costiere che ne conseguirà, i rifiuti, difficile ipotizzare diversamente, aumenteranno. Aumenteranno le plastiche in mare perché è previsto un incremento della produzione, si moltiplicheranno le discariche, cresceranno i costi di gestione e i danni agli habitat marini con l'aumento delle acque reflue scaricate in mare. E a tutto questo bisogna aggiungere il contributo negativo che la plastica, sia nella fase della produzione sia nella fase post-consumo, ha sul cambiamento climatico. Una bottiglia di plastica monouso per le bevande ha un'impronta di carbonio pari a circa 80 grammi. Ora si prenda questo valore e lo si moltiplichi per le centinaia di miliardi di bottiglie di plastica che si consumano annualmente al mondo. E questo è solo il contributo in $CO_2$ delle bottiglie di plastica, non di tutta la plastica prodotta.

La produzione di plastica è oggi molto conveniente grazie al basso costo delle materie prime, che deve molto al boom del gas naturale ottenuto attraverso il *cracking*. Il processo industriale del *cracking* ha ridotto notevolmente il costo dei prodotti finali da raffinazione del petrolio grezzo.

* I servizi ecosistemici sono, secondo la definizione data dal Millennium Ecosystem Assessment (Ma) del 2005, tutti quei «benefici multipli forniti dagli ecosistemi al genere umano» e si distinguono in quattro macro categorie: supporto alla vita (come ciclo dei nutrienti, formazione del suolo e produzione primaria); approvvigionamento (come la produzione di cibo, acqua potabile, materiali o combustibile); regolazione (come regolazione del clima e delle maree, depurazione dell'acqua, impollinazione e controllo delle infestazioni); e infine i valori culturali (fra cui quelli estetici, spirituali, educativi e ricreativi).

Si tratta di un metodo estrattivo che consta nella rottura di idrocarburi ad alto peso molecolare per ottenerne altrettanti a basso peso molecolare.

L'etano, sottoprodotto di questa estrazione, è a sua volta convertito in etilene e quindi polietilene, la plastica più usata per il monouso nell'alimentazione. La produzione di plastica dovrebbe così triplicare entro il 2050. Più di 180 miliardi di dollari sono stati stanziati nei prossimi dieci anni negli Stati Uniti per costruire 263 nuovi impianti di cracking lungo la costa del Golfo del Messico e nella regione del Nordest Atlantico, colpite maggiormente dagli effetti del cambiamento climatico.

Si aumenta così la produzione triplicando la quantità di esportazioni di plastica, soprattutto nei paesi in via di sviluppo. L'industria petrolchimica giustifica questo aumento come risposta all'accresciuta domanda di plastica «usa e getta» (come le bibite e gli imballaggi alimentari) nei paesi sviluppati ma anche nei mercati in crescita nei paesi a più basso reddito, dove però la gestione dei rifiuti non è adeguata.

Fino al 2018 non vi era una diretta connessione tra cambiamenti climatici e plastica, derivante dalla trasformazione di petrolio o gas di origine fossile. La connessione rimaneva indiretta e riguardava le attività industriali e chimiche intorno alla produzione della plastica che generano ogni anno miliardi di tonnellate di gas serra perché richiedono altri combustibili fossili.

Nel computo complessivo della $CO_2$ rilasciata vanno aggiunti la produzione del materiale e degli oggetti, il trasporto dei prodotti e lo smaltimento finale, che include anche l'incenerimento. Ma nell'agosto del 2018 una innovativa ricerca condotta da un team dell'Università delle Hawaii ha dimostrato che molte materie plastiche, abbandonate nell'ambiente e nel mare, rilasciano effettivamente potenti gas serra quando si degradano aggravando così il cambiamento climatico. In particolare, è il tipo di plastica che rilascia gas alla massima velocità a essere interessante: il polietilene a bassa densità (LDPE), la plastica scartata e abbandonata più diffusa nell'oceano e, in generale, nell'ambiente.

Il polietilene, che rappresenta il 36% di tutte le plastiche prodotte nel mondo, ha una struttura chimica più debole rispetto alla maggior parte delle materie plastiche. Si degrada più facilmente sotto l'effetto dei raggi UV delle radiazioni solari, infatti la luce e il calore sono le cause primarie di degradazione. Questo comporta, dopo anni di fotodegradazione e quindi frantumazione, una maggior superficie esposta rispetto a quella originale e dunque più gas serra emesso. Tutto ciò significa che più tempo passa e maggiore sarà la quantità di gas serra emessa dalle materie plastiche, ossia metano ($CH_4$) ed etilene ($C_2H_4$). Il metano, sebbene presente in quantità minore rispetto alla $CO_2$, è 21 volte più potente degli altri gas nel produrre l'effetto serra e rappresenta il 20% di tutti i gas climalteranti. L'etilene si degrada in monossido di carbonio, altro gas serra.

Il meccanismo descritto porta a un ciclo di retroazione allarmante: mentre il clima cambia, il pianeta diventa più caldo, la plastica emette più metano ed etilene, aumenta il tasso di cambiamento climatico e così via in un circolo che si autoalimenta.

Dato l'incremento notevole della produzione di plastica in tutto il mondo, è essenziale comprendere la portata delle emissioni di gas serra dalla plastica che potrebbe aumentare significativamente. E cominciare a conteggiare questi valori nel calcolo delle emissioni globali. Potrebbero costituire un valore rilevante e portare a sottostimare le già preoccupanti considerazioni sul cambiamento climatico.

Il dato è certo: la plastica in sé può accelerare il riscaldamento climatico globale.

## Dai rifiuti marini alla Responsabilità estesa del produttore

L'insostenibilità della plastica in mare colpisce più aspetti e i costi dell'inattività, della mancata gestione, sono altissimi nel comparto ambientale, sanitario, sociale e privato. I primi dati della Marine Strategy, Direttiva Quadro Europea del 2019 che ha come obiettivo il buono stato di salute dei nostri mari, hanno riportato un numero preoccupante di particelle microplastiche: in media sulle superfici dei mari italiani galleggiano poco meno di 180.000 frammenti di microplastiche – che vanno dai cinque centimetri a pochi micron – per chilometro quadrato. Siamo sullo stesso ordine di grandezza delle più famose isole di plastica del Pacifico, più note al pubblico. Quello che sfugge però è che ciò che galleggia liberamente sotto le forze delle correnti e del vento è solo il 3-5% della plastica totale presente nei mari. Il restante sparisce dalla vista, si adagia sui fondali e diventa irrecuperabile. Le immagini che provengono dai sottomarini a comando remoto (Rov) relative ai fondali dello Stretto di Messina o dei canyon di fronte alla costa francese e addirittura delle Fosse delle Marianne ci offrono una realtà più dolorosa: siamo di fronte a vere e proprie discariche in mare aperto. La «plastificazione dei fondali», da quelli più superficiali vicini alla costa a quelli profondi e abissali, non rimane solo un problema estetico. Tuttavia, proprio per la loro macro-evidenza i tanti impatti diretti e indiretti della contaminazione da plastica hanno indotto una risposta indignata da parte dell'opinione pubblica mondiale. Animali spiaggiati, cetacei strozzati da chili di plastiche, tartarughe marine intrappolate nelle reti fantasma, spiagge e fiumi ripieni di un materiale che comunque rimane rivoluzionario e necessario in molti settori; tutte queste immagini hanno scosso le coscienze e innescato campagne di sensibilizzazione di massa sull'impatto della plastica nell'ambiente, avendo il merito, come conseguenza, di portare alla ribalta una realtà drammatica ed enorme già comunque evidenziata da decenni a livello istituzionale e scientifico. In questa scia si inserisce la Direttiva Europea per il divieto della plastica «usa e getta» approvata a marzo 2019 e accolta positivamente. L'Italia è pioniera sul tema, perché già nel 2017 aveva vietato per legge (entrata in vigore il primo gennaio 2019) la produzione e vendita di cotton fioc di plastica o l'uso delle microplastiche nei prodotti dedicati alla cura della persona.

Non è da sottovalutare la risposta forte del pubblico, perché stimola azioni contro la plastica nelle istituzioni, nelle scuole, nelle città e perché spinge anche la ricerca a trovare nuove bioplastiche e tecniche di riciclo innovative e più efficienti. Si moltiplicano quotidianamente consigli per vivere una vita «plastic free», invitando i consumatori a utilizzare utensili a lunga durata, ad acquistare meno prodotti imballati, sostituire le bottiglie di plastica con borracce di metallo, eccetera. Si organizzano grandi eventi educativi di pulizia delle spiagge e si spinge verso un cambio di stile di vita sostituendo o diminuendo l'uso della plastica «usa e getta», diventato l'antitesi del concetto originario della plastica, ossia oggetti che dovevano durare a lungo e indistruttibili per risolvere problemi quotidiani di scarsezza materiale.

Oggi la guerra alla plastica usa l'arma della sostituzione delle materie plastiche con quelle naturali, come per esempio il bambù per gli spazzolini da denti, per le cannucce, posate, eccetera. Sebbene all'apparenza possa sembrare una soluzione positiva, andrebbe fatta una riflessione. Se al momento dell'avvento della plastica a fine Ottocento già il mondo si confrontava con l'insufficienza delle materie naturali e la popolazione mondiale si aggirava intorno a 1,6 miliardi di persone, oggi con i quasi 8 miliardi di abitanti tale situazione di carenza materiale si è aggravata. Pensare di produrre 8 miliardi di spazzolini da denti in bambù, significherebbe sottrarre tantissimo spazio alle aree naturali per la coltivazione intensiva di questa materia prima. Mentre oggi per attutire e mitigare i cambiamenti climatici la direzione deve essere contraria, ridurre le produzioni intensive per permettere di consegnare spazi alla natura così da ripristinare i sistemi ecologici.

Il vero problema della plastica per l'ambiente è il sistema del monouso che riassume il massimo dello spreco per una risorsa non sostenibile, preziosissima, riciclata poco e con impatti a lungo termine.

Gli impatti della plastica producono diverse tipologie di «costi» in diversi comparti di cui paghiamo caro il prezzo. Dal punto di vista ambientale la plastica crea una pressione altissima sugli ecosistemi, sulla biodiversità e sulla vita degli organismi marini, andando a intaccare il capitale naturale presente e futuro. Paghiamo caro anche nel comparto economico privato: la plastica procura un potenziale danno al turismo e alle attività ricreative delle località marittime perché ne intacca il valore estetico, poiché per tantissime comunità il mare è una fonte di reddito il cui valore economico dipende dal problema dei rifiuti. Non bisogna sottovalutare gli ostacoli che la plastica crea ai trasporti su mare, alla pesca e all'acquacoltura. Per ultimo vanno considerati i costi sociali a carico della pubblica amministrazione: la gestione della plastica, e dei rifiuti più in generale, è un peso economico enorme per le infrastrutture e i servizi per lo smaltimento dei rifiuti, per la pulizia delle spiagge, delle coste, dei fondali e dei porti e i costi per il trattamento delle acque.

Infine, a monte di tutti questi problemi si colloca il rischio per la salute umana rappresentato dai rifiuti marini (*marine litter*) a causa del rilascio di sostanze chimiche che s'immettono lungo la rete alimentare marina di cui noi facciamo parte. Quello dei *marine litter* è diventato negli ultimi anni il punto cruciale nell'agenda degli obiettivi dello sviluppo sostenibile, nazionale, europeo, globale. Ma per ridurre il problema nei mari bisogna partire da terra riducendo l'inutile.

La vera rivoluzione sarà quando impareremo a dare un valore alla plastica che gettiamo, a liberarci dall'idea che la considera un prodotto di scarto e sapremo attuare un vero riciclo ossia un suo ritorno nel mercato come materia prima secondaria grazie all'economia circolare. Secondo la definizione della Ellen MacArthur Foundation, l'economia circolare «è un termine generico per definire un'economia pensata per potersi rigenerare da sola. In un'economia circolare i flussi di materiali sono di due tipi: quelli biologici, in grado di essere reintegrati nella biosfera, e quelli tecnici, destinati a essere rivalorizzati senza entrare nella biosfera». L'economia circolare intende quindi pianificare un sistema economico dove i materiali sono riutilizzati continuamente in cicli produttivi, riducendo al massimo il bisogno delle risorse naturali per tutti quei materiali che non sono in grado di ritornare in un ciclo biogeochimico, chiudendo quegli stessi materiali in un circolo virtuoso che non comprenda la possibilità del concetto rifiuto.

Solo con questi principi di economia circolare terremo la plastica lontano dai mari.

La presenza di un rifiuto marino è l'espressione del fallimento del mercato. Costituisce un costo esterno a carico delle società e delle comunità che non è stato accreditato al produttore o al consumatore.

I rifiuti marini possono essere prevenuti e controllati usando misure legislative che ne limitino l'abuso, disincentivino le discariche a favore del riciclaggio, favoriscano materiale biodegradabile e il riuso, informino e sensibilizzino verso comportamenti più virtuosi.

Più della metà della frazione plastica dei rifiuti marini è composta da imballaggi inutili abbandonati. Una buona strada per intaccare a monte questo problema è la Responsabilità estesa del produttore (Epr), definita dall'OCSE come la strategia di protezione ambientale nella quale si estende al produttore principale di oggetti di consumo la responsabilità dell'intero ciclo di vita, anche alla fase post-consumo, del prodotto. Il produttore diventa così responsabile anche per il ritiro, il riciclo e lo smaltimento finale.

L'Epr ha tra gli obiettivi quello di arrivare a elevati tassi di riciclaggio e recupero, per impedire agli scarti d'imballaggio di arrivare allo smaltimento finale e soprattutto di finire in mare.

La logica dell'Epr sugli imballaggi prevede in genere che i produttori paghino una commissione in base alla quantità d'imballaggio che immettono sul mercato. Queste tasse sono quindi utilizzate per coprire o contribuire al costo della raccolta e del trattamento degli imballaggi scartati. Un sistema siffatto può sollecitare i produttori a ridurre la quantità d'imballaggi che immettono sul mercato. Il valore economico dei materiali secondari sui mercati nazionali può essere importante ed è a sua volta influenzato sia dalla domanda di materie prime secondarie sia dalla fornitura di materiali di alta qualità una volta che sarà presente un'industria del riciclaggio. Infine il successo dell'Epr dipende anche dalla consapevolezza dei cittadini nei confronti della raccolta differenziata e dalla loro disponibilità a renderla più efficace, ma per aumentare la sensibilità di tutti sul tema sono cruciali investimenti per una efficace comunicazione pubblica.

## Una nuova logica sui rifiuti

Il problema dei rifiuti è sicuramente emerso nella sua evidenza da poche decadi ed è esploso progressivamente con la sostituzione di prodotti durevoli con quelli più effimeri.

Ironia della sorte, le linee guida per ridurre i rifiuti ci riportano a pratiche e abitudini del secolo scorso: riusare, riciclare e servirsi di polimeri naturali. Senza scomodare eccessiva tecnologia, basti pensare che le sporte di juta, di tela e di tantissimi altri tessuti, che oggi si usano in sostituzione di quelle di plastica, erano ancora diffuse fino a pochi anni fa.

Il riciclo e la sostituzione di polimeri sintetici con quelli naturali – a valle della produzione – sono misure parzialmente contenitive che andranno implementate e accostate alla politica di riduzione della plastica a monte per poter finalmente vedere un calo generale dei rifiuti plastici.

Sicuramente nella complessa e articolata materia del riciclo gioca un ruolo speciale e costante la tecnologia per migliorarne l'efficienza con nuovi metodi e idee. Una di queste nuove tecniche di riciclaggio depolimerizza gli oggetti con calore e sostanze chimiche per spezzare le molecole di plastica nei monomeri originari che possono quindi essere riutilizzati. Il mercato offre ormai molti prodotti riciclati dalla plastica: scarpe, vestiti, oggetti di varia natura per molteplici usi. Ma alla luce delle osservazioni che abbiamo, ci dovremmo porre dei quesiti. Uno fra tutti: se il problema principale oggi e nel futuro saranno le microplastiche e le microfibre dei vestiti, ha senso produrne da plastica riciclata sapendo che a loro volta andranno in lavatrice e libereranno altre fibre?

Va precisato che nella filiera del riciclaggio è necessaria una richiesta da parte di un committente che acquista il materiale plastico di scarto prima dello smaltimento, ossia dopo il completamento del suo compito primario.

Pertanto l'azione primaria e più efficace consiste nella riduzione della plastica alla fonte, usando meno materiale per fabbricare i prodotti, evitando l'overpackaging, diminuendo la grammatura, facilitando l'uso delle plastiche riciclabili ed evitando quelle non facilmente recuperabili.

Un altro anello importante nella filiera dei rifiuti riguarda i consumatori e le municipalizzate atte alla raccolta e allo smaltimento. Questa fase, che comprende lo smistamento delle materie plastiche usate, è un processo costoso e dispendioso in termini di tempo e di organizzazione. Negli Stati Uniti, per esempio, circa il 35% dei prodotti in alluminio, il 40% dei prodotti di carta e il 25% dei prodotti in vetro viene riciclato. Solo il 5% circa di plastica è attualmente recuperato e riciclato. Una volta gettati dai consumatori dopo il loro breve ciclo di vita, i prodotti di plastica devono essere raccolti e quindi separati per tipologia di polimero. Esistono sistemi di smistamento ma non sono ancora in grado di differenziare e separare quando all'interno del sistema si presentano molti tipi di plastica. Si separano per colore, densità e composizione chimica.

Se i tipi di plastica non sono adeguatamente separati, il materiale riciclato non raggiungerà mai le qualità adatte per il rimodellamento. Il risultato sarà un prodotto di bassa qualità e minore valore economico. A contribuire negativamente sul prodotto riciclato si devono aggiungere il possibile degrado della plastica durante il suo ciclo di vita originale e l'eventuale aggiunta di materiali estranei alla plastica finale durante il processo di frammentazione nella fase del riciclo. Per motivi di salute, le materie plastiche riciclate vengono raramente trasformate in contenitori per alimenti, ma in articoli come tappeti, bottiglie di olio per motori, carrelli per immondizia, pacchetti di sapone e fibre tessili.

In generale, l'utilizzo di materiali riciclati per realizzare nuovi prodotti costa meno e richiede minor energia rispetto al ricorso a nuovi materiali. Inoltre, il riciclaggio riducendo il volume dei rifiuti scartati diminuisce la quantità di terreno necessario per le discariche di rifiuti.

A oggi le forme di riciclo si distinguono in meccanico e chimico, come abbiamo visto, e le prime osservazioni comparative tra i due suggeriscono che i trattamenti meccanici non sono adatti alla maggior parte delle materie plastiche per la frammentazione, la degradazione e la presenza di una vasta quantità di additivi, mentre i trattamenti chimici sembrano superare questi inconvenienti. In ogni caso, che sia meccanico o chimico, il riciclaggio di materie prime consente la produzione di materie secondarie con minori emissioni rispetto alla termovalorizzazione e minori pericoli sanitari dovuti per esempio alla combustione di plastiche contenenti cloruro.

Appare dunque evidente che la migliore strategia per ridurre la plastica nei mari passa da una logica rinnovata di produzione, uso e smaltimento per ridurre il bisogno di combustibili fossili in questo settore. Tutto sta nell'utilizzare la plastica di fine vita come materia prima per la nuova produzione e chiudere quindi il ciclo.

Queste strategie implicano che una riduzione della domanda da parte dei consumatori sarà politicamente efficace nell'affrontare gli enormi impatti dei rifiuti di plastica e dell'inquinamento, ma sapendo che non è possibile attuarla in settori cruciali come quello ospedaliero, elettrico, elettronico, informatico, eccetera. Ciò premesso, resta vero che qualsiasi strategia per ridurre i rifiuti marini deve aiutare le persone e le comunità a cambiare le loro abitudini rispetto all'uso, allo smaltimento e al riciclo delle materie plastiche. Le tante esperienze positive in giro per il mondo nascono tutte da una convergenza di azioni diverse nelle quali però la soluzione non grava solo su un singolo attore della filiera.

## ALCUNE ESPERIENZE POSITIVE

«Dà vita a dei buoni esempi: sarai esentato dallo scrivere delle buone regole», diceva Pitagora. In questa disamina abbiamo concentrato l'attenzione sulla produzione e il riciclo a fine vita degli oggetti di plastica. Ma vi è in mezzo alla filiera un altro soggetto che può svolgere un ruolo utilissimo nella riduzione della dipendenza dalla plastica: si tratta della grande distribuzione. Di buoni esempi in questo segmento anche l'Italia è piena, ed è il caso di raccontarne qualcuno.

Olitalia, nota azienda alimentare che produce olio di oliva, per prima in Italia da due anni ha avviato un progetto denominato «Plastic no more», che ha come obiettivo finale la riduzione di oltre il 30% delle plastiche utilizzate nei cicli d'imbottigliamento e di imballaggio e negli uffici dei suoi stabilimenti.

L'encomiabile lavoro di Olitalia permette di fare una riflessione sulla grande differenza che esiste tra il nome e il contenuto del progetto «Plastic no more» portato avanti da Olitalia e quel generico e onnipresente titolo di «Plastic free» che è diventato oramai uno slogan da greenwashing con cui tutti in un certo modo mettiamo a tacere la nostra coscienza.

Parlare tout court di «plastic free», significa non voler affrontare seriamente il problema. Oggi, la vita della nostra specie sul pianeta si basa su due grandi materiali, l'acciaio e le plastiche. Un sistema industriale come il nostro non può di colpo fare a meno totalmente di uno di questi materiali.

Il concetto espresso dal paradigma «Plastic no more», significa concretamente considerare il riciclo e il riutilizzo delle centinaia di migliaia di tonnellate di plastiche prodotte e presenti sulla Terra, andando in direzione contraria al meccanismo di produzione e consumo che si è innescato dagli anni Cinquanta, quando abbiamo cominciato a usare le materie plastiche, concepite per durare centinaia di anni, come prodotti usa e getta.

Non è solo nella fase di produzione che si può intervenire per ridurre l'utilizzo della plastica, ma anche nello scaffale, coinvolgendo quindi il distributore e il consumatore. L'azienda Eataly, per esempio, ha sviluppato nei suoi negozi una strategia «rifiuti zero» con una raccolta differenziata che pone particolare attenzione al polistirolo, eliminandolo dal settore formaggi e latticini e dalle pescherie. Inoltre ha programmato, iniziando dai negozi di Roma e Torino, un sistema di compostaggio in cui finiscono gli scarti della ristorazione e dei reparti del fresco.

Unicoop Firenze, oltre a non vendere più plastica usa e getta nei propri punti vendita, dal 2018 collabora con la Regione Toscana e il ministero dell'Ambiente a un progetto nell'arcipelago toscano che mira a recuperare le plastiche che i pescatori ritrovano nelle loro reti a strascico. Il «*fishing for litter*» sta diventando una pratica sempre più utilizzata per sensibilizzare il pubblico sull'inquinamento da plastica nei mari e per trovare soluzioni ai pescatori che spesso nelle loro reti trovano più plastica che pesce.

Questi ultimi anni saranno ricordati come i primi nei quali molte iniziative contro la plastica usa e getta sono state messe in campo in Italia e nel mondo. Iniziative per lo più intraprese autonomamente da imprese singole, da individui e amministrazioni locali, per sopperire all'assenza di risposte più organiche e ad ampio raggio da parte della politica nazionale. Lo stesso divario fra vaghezza dei decisori politici e iniziative dal basso si verifica anche all'estero. Nella primavera 2018 ad Amsterdam nasce il primo supermercato mondiale senza plastica all'interno della catena «Ekoplaza», con reparti nei quali quasi 700 prodotti sono offerti alla clientela in imballaggi biodegradabili, in vetro, in metallo e in carta. È un messaggio diretto sia alla politica che alla grande distribuzione mondiale, fatta di poche multinazionali che controllano quasi tutto il mercato alimentare globale, ancora sorde o disattente alla richiesta della clientela che desidera un cambio negli scaffali, per lo più pieni di imballaggi di plastica, ossia quello di avere l'opportunità di scegliere se acquistare un prodotto imballato con la plastica o con altro. Scelta talvolta completamente assente. Anche in Italia, Negozio Leggero, franchising presente in molte città, permette l'acquisto di prodotti sfusi, portandosi da casa i contenitori. L'estate del 2018 sarà ricordata come la prima stagione nella quale moltissimi stabilimenti balneari hanno bandito dalle proprie spiagge la plastica usa e getta, chiedendo alla clientela di usare borracce e proponendo alternative biodegradabili nei bar e ristoranti dei lidi.

Recentemente diversi bar e ristoranti si stanno attrezzando in alcune città in Italia per eliminare l'usa e getta dai propri banchi o dai rifornimenti delle cucine.

Il dato che emerge da questi esempi è che la società civile sta dando una risposta chiara al problema plastica, talvolta veramente sentita, talvolta più un'operazione di mercato, risposta alla quale non corrisponde ancora un reale cambio di paradigma da parte dei decisori nazionali e internazionali.

Ciò di cui c'è bisogno è la responsabilità della politica e un coordinamento delle azioni, supportato dalla scienza, per ottenere misure più efficienti e rapide possibili. Sapendo, però, che qualsiasi misura intrapresa oggi potrebbe richiedere decenni prima che si trasformi in una sostanziale riduzione del tasso di accumulo di plastica in mare.

Sebbene viviamo in un mondo dettato dal consumo e quindi di conseguenza dal rifiuto da gettare via, in questo momento non esiste nessun «via», ci sono l'ambiente e il mare che con i loro «beni» mandano avanti la nostra vita. La crescita sostenibile richiede che le risorse vengano utilizzate in modo responsabile senza rifiuti e il capitale naturale essenziale per la vita sulla Terra non sia compromesso, per poter garantire il benessere e la sopravvivenza della generazione presente e di quelle future.

## I viaggi sommersi della plastica

Sebbene siano in atto grandi azioni per cambiare l'approccio del pubblico alla plastica, per invocare normative e restrizioni, per innovare i sistemi di riciclo, vengono al pettine i nodi di una carenza culturale sul fenomeno e la cronaca italiana oltre alle belle notizie ci dona anche un panorama desolante rispetto a questa corsa per la riduzione della plastica e per l'avvio dell'economia circolare.

Il 4 giugno 2019 si è conclusa un'operazione della Dda di Milano, in collaborazione con i carabinieri del Noe, che ha portato alla luce un vasto traffico illecito di rifiuti nell'Italia settentrionale. Oltre ai consueti arresti e al sequestro delle strutture, sono venute allo scoperto 10.000 tonnellate di rifiuti illeciti, per la maggior parte composti da plastica e gomma. Nulla di nuovo fin qui in Italia. Nuova però è la causa, come riportato dal comandante del Nucleo Tutela Ambientale, generale Ferla, durante la conferenza stampa: «Il problema si aggrava in Italia per due situazioni: la chiusura del mercato del Sudest asiatico e la totale insufficienza per la gran parte delle regioni in Italia della capacità di originare un ciclo di rifiuti e chiuderlo all'interno della stessa regione». In Italia il sistema del riciclo della plastica non basta a sostenere il reale bisogno nazionale secondo le parole del procuratore di Milano Francesco Greco: «La filiera dei rifiuti si è bloccata. C'è un surplus di produzione che non si sa come gestire se non con metodi illeciti».

Il problema del surplus nasce con la chiusura delle frontiere della Cina, nel gennaio del 2018, ai rifiuti occidentali composti soprattutto da plastica. Gli impianti cinesi accoglievano quasi il 50% delle nostre plastiche non omogenee e di bassa qualità. In questi impianti, talvolta fatiscenti e con condizioni ambientali e lavorative scadenti, i nostri scarti plastici venivano lavorati, trasformati in altri prodotti di plastica riciclata e rispediti nel mondo occidentale. Oggetti di varia natura a basso costo, quali contenitori, giochi e altro sono tornati in Europa, spesso però non rispettando i criteri di conformità europei in tema di contaminazione chimica.

La chiusura quindi dei confini cinesi ha obbligato a trovare altre strade presso altri paesi pronti a ricevere la plastica. La Malesia, la Thailandia, le Filippine, il Vietnam hanno dapprima concesso l'import, per poi dopo poco tempo bloccarlo quando si sono resi conto di essere vittime di dumping ambientale e di traffici illeciti.

La situazione dei viaggi sommersi della plastica dal mondo sviluppato verso paesi non pronti ad accogliere i nostri rifiuti ha portato le Nazioni Unite a rivedere il 10 maggio 2019 la Convenzione di Basilea, il trattato che regola il «controllo dei movimenti transfrontalieri di rifiuti pericolosi e del loro smaltimento»: 180 paesi hanno concordato di inserire gli scarti della plastica nella lista dei prodotti tossici e nocivi da regolamentare. Per poter quindi esportare la plastica, le nazioni dovranno ottenere il consenso del paese destinatario.

È evidente quindi che il riciclo non basta e si fa molto poco in Europa per affrontare il problema, che è bene ricordare aumenterà il giro di affari e di volume nei prossimi decenni. Il recente rapporto *Preventing plastic waste in Europe*, pubblicato nel giugno 2019 dalla EEA (European Environment Agency) sembra giungere a conclusioni analoghe a quelle del procuratore Greco: «Le capacità di riciclaggio della plastica non hanno tenuto il passo con la crescente produzione globale di materie plastiche».

In Europa solo il 30% dei rifiuti di plastica viene raccolto per il riciclaggio e la maggior parte di queste operazioni avviene al di fuori dell'Europa, dove le norme ambientali non sono chiare e spesso non stringenti come quelle europee.

Il rapporto del WWF uscito l'8 giugno 2019 riporta una quantità di plastica nelle acque del Mediterraneo pari a 570.000 tonnellate annue, che rispetto ai tredici milioni di tonnellate mondiali è il 4,4% per un mare che occupa solo lo 0,32% del volume totale degli oceani mondiali.

Per cui, nonostante la tendenza a distogliere l'attenzione dalla nostra realtà e rivolgere accuse verso il mondo asiatico, questi numeri aiutano meglio a comprendere che il problema delle plastiche in mare non è lontano e la soluzione non è dove si manifesta ma dove si crea, ossia «land-based», a terra, nell'errata oppure, talvolta, completamente assente gestione dei rifiuti.

## La vita e la mente plastificati

Va detto che, al di là delle azioni pratiche quotidiane, il modo migliore per tenere le plastiche inutili lontano dal mare e, in generale, dall'ambiente consiste nell'eliminarla dalle nostre menti, deplastificando la nostra vita a partire da un personale rifiuto della mercificazione di un grande materiale destinato a scopi più seri e finito invece principalmente negli scaffali dei supermercati. Roland Barthes in *Miti d'oggi* ci dona i passi di una plastificazione della vita che arriva al cuore. «La plastica è interamente inghiottita nell'uso: al limite, s'inventeranno degli oggetti per il piacere di usarli. La gerarchia delle sostanze è abolita: una sola le sostituisce tutte: il mondo intero può essere plastificato, e perfino la vita, poiché, sembra, si cominciano a fabbricare aorte di plastica».

Non si sostituiscono più bottiglie e oggetti con la plastica, ma anche parti di corpo e addirittura sentimenti e persone, con il paradosso che in alcune case di appuntamenti il posto delle donne è stato preso da bambole di plastica. Sembrerebbe una boutade ma l'episodio è avvenuto a Torino nel settembre del 2018, registrando un grandissimo successo e il pienone di richieste.

Pertanto lavorare sulla diminuzione della plastica non è cosa semplice se non cambia il paradigma mentale di cui ormai siamo prigionieri. Dagli anni Cinquanta il boom della sostituzione del reale con il fittizio è diventato preponderante, anche grazie a una pubblicità martellante che apre le porte a un utilizzo spesso superfluo nella sostanza e imponente nelle dimensioni. Quindi è il sistema che andrebbe cambiato alla radice. Ma una rivoluzione culturale ed economica del genere è inevitabile che entri in conflitto con interessi e resistenze al cambiamento. E le vicende europee intorno alla normativa sulla plastica monouso ci danno la misura di quanto possa essere difficile la soluzione.

All'indomani delle prime dichiarazioni d'intenti sulla volontà di promulgare la Direttiva Europea per la messa al bando di alcuni prodotti di plastica, soprattutto monouso e attrezzi da pesca, puntuale un coro critico si è alzato verso la Commissione Europea, prevedibile come sempre quando si toccano gli affari di grandi industrie.

La PlasticsEurope, la federazione dei produttori europei di materie plastiche, ha sostenuto che la messa al bando dei prodotti plastici monouso non risolverà il problema dei *marine litter*. Secondo la federazione, la questione dell'impatto delle plastiche sull'ambiente marino è da ricondurre ai comportamenti individuali e alla scadente gestione dei rifiuti da parte delle aziende preposte, e si deve affrontare con campagne di sensibilizzazione e un rafforzamento delle infrastrutture e della legislazione sovranazionale collegate ai rifiuti stessi.*

L'EuPC, rappresentante dei trasformatori di materie plastiche, valuta la direttiva «un'aggressione simbolica a una categoria di prodotti malamente definiti che generano confusione nel consumatore finale e causano frammentazione nel Mercato Unico». Afferma inoltre che la Commissione Europea vuole limitare alcuni prodotti di plastica senza conoscerne il ciclo di vita (Lca), quindi senza valutare quale sia effettivamente la soluzione più sostenibile. Aggiunge che è mancante d'indicazione su come affrontare gli aspetti legati ai comportamenti dei cittadini e all'educazione ambientale, giudicati elementi chiave per garantire un corretto smaltimento dei prodotti plastici.**

Le linee guida della Commissione, secondo l'EuPC, sono troppo a svantaggio dei produttori di plastica, considerati responsabili anche della condotta di chi disperde i rifiuti.

---

* Come riportato nel comunicato stampa sul sito della stessa PlasticsEurope https://www.plasticseurope.org/en/newsroom/press-releases/archive-press-releases-2018/industry-urges-commission-avoid-shortcuts-and-focus-improving-waste-management.

** Si veda il comunicato stampa pubblicato sul sito della EuPC al link: https://www.plasticsconverters.eu/post/2018/05/30/eupcs-first-comments-on-the-european-commissions-directive-proposal-on-the-reduction-of-c

Inoltre, si accusa la Commissione Europea di aver basato la valutazione d'impatto ambientale sullo studio di una società di consulenza, pagata dalla Commissione stessa, che in precedenza ha lavorato per sostenere le lobby contro le materie plastiche.*

A questo coro di critiche si aggiunge l'Ik (Industrievereinigung Kunststoffverpackungen), associazione dei produttori tedeschi d'imballaggi in plastica, che indica in un suo documento ufficiale che la Direttiva non sostiene una reale linea per un'efficiente raccolta e per il recupero, non coinvolgendo i consumatori e non creando consapevolezza sull'utilizzo responsabile.**

Come si vede, il comune denominatore delle posizioni dei rappresentanti delle lobby delle plastiche è che il problema dei *marine litter*, e in generale degli scarti della plastica, non è riconducibile ai prodotti monouso, quindi non si possono colpevolizzare i produttori. Gli unici veri responsabili sono i consumatori che riciclano male i rifiuti e le amministrazioni pubbliche che non sono in grado di gestire la filiera dello smaltimento degli stessi correttamente. In più, mancano i dati scientifici che attestino il reale impatto ambientale.

È un copione già visto in altre situazioni, quando osservazioni scientifiche o misure legislative si muovono per tutelare l'ambiente e i consumatori al fine di limitare o mitigare attività dannose delle grandi industrie. La storia della scienza ne ha registrate già tante. Noto è il caso della biologa Rachel Carson, che con il suo capolavoro *Primavera silenziosa*, pubblicato nel 1962, denunciò i danni dell'uso del diclorodifeniltricloroetano, noto come DDT, e altri pestici-

---

* *Ibidem*, comunicato della EuPC citato.

** Si veda il comunicato stampa pubblicato sul sito di Ik al link: https://newsroom.kunststoffverpackungen.de/en/2018/05/28/ban-on-straws-does-not-solve-the-marine-litter-problem-ik-demands-eliminating-the-causes-instead-of-political-gestures/?press=1 di. Subì ingiurie, derisioni, minacce e falsità da parte degli industriali del tempo. Nel 1972 il DDT fu messo al bando. Stesso atteggiamento fu riservato ai ricercatori e agli scienziati che misero sotto accusa l'industria del tabacco. E da almeno quasi trent'anni la stessa sorte la subiscono i ricercatori che si occupano di cambiamenti climatici e che portano avanti le ricerche sulle cause di origine antropica. Oggi il mondo scientifico e le ricerche concordano quasi univocamente, circa il 97%, che il cambiamento climatico in atto sia dovuto a 200 anni d'impatto antropico causato dall'uso dei combustibili fossili.

I grandi colossi della plastica non sono certo un'eccezione rispetto a un meccanismo che l'industria di ogni settore adotta per resistere al cambiamento del proprio sistema produttivo: ossia insinuare il dubbio della correttezza scientifica dei dati e addossare la colpa della gestione a terzi. Non è difficile neanche comprenderne i motivi. Il settore della plastica si regge sull'alleanza con le grandi industrie petrolifere e le due famiglie di multinazionali convergono con forti interessi nel campo della lavorazione dei polimeri. Consideriamo che la maggior parte delle industrie di materiali plastici è in comproprietà con le grandi industrie petrolchimiche: la DowDuPont, l'ExxonMobil, la Shell, la Chevron, la Bp e, in Italia, l'Eni. Il mercato della plastica globale per il 2020 è valutato circa 654,38 miliardi di dollari e nel 2050 la quota d'idrocarburi dedicata alla plastica toccherà il 20%, contro il 6% del 2014. Numeri impressionanti.

Oggi questi produttori si sono insinuati in ogni settore dell'economia e intendono difendere i loro privilegi con tutti i mezzi, che si tratti di pressioni lobbistiche o aggressive campagne di comunicazione. Detto in parole povere, il lobbismo della plastica e quello petrolifero lavorano insieme, per il semplice motivo che maneggiano insieme lo stesso prodotto di partenza.

Poco importa se i dati scientifici ci dicono che la maggior parte dei rifiuti plastici presenti in mare siano originati dal monouso. Poco importa che l'OCSE abbia stimato che i danni dell'impatto delle plastiche si aggiri sui 13 miliardi di dollari l'anno, oppure che il trattamento delle plastiche comporti emissione di gas serra dalla nascita allo smaltimento, o ancora che la quota di plastica riciclata in tutto il mondo sia bassa, circa il 15%, e il residuo conferito in discarica, incenerito o abbandonato nell'ambiente, alto.

È difficile comprendere come si possa pretendere dal consumatore finale una maggior consapevolezza sul minor utilizzo della plastica se poi il mercato non offre valide alternative. Inoltre scaricare i costi gestionali per la raccolta, la separazione e la suddivisione solo ed esclusivamente sulle amministrazioni pubbliche è una vecchia tecnica usata già in altri ambiti industriali per non prendersi le responsabilità degli altissimi costi occulti della produzione della plastica. Recuperare ha un costo molto elevato, come pure rigenerare, suddividere e riciclare infinite materie plastiche. Di fatto a oggi il recupero ambientale si riversa su soggetti terzi, quasi sempre pubblici, e tutto ciò ha un costo che si paga con le tasse. Tutti costi esorbitanti celati all'acquisto di cui nessuno, soprattutto i produttori, vuol farsi carico. Per questo la Responsabilità estesa del produttore è la strada maestra su cui si deve lavorare. Se le materie di partenza non sono abbastanza uniformi da essere rilavorate in maniera più semplice, il problema non è del consumatore.

La gestione della plastica deve essere scevra da idealizzazioni, soprattutto da parte degli interessi economici.

I rappresentanti delle varie federazioni europee produttrici di plastica hanno anche risposto alle critiche sostenendo che quasi l'80% dei rifiuti plastici che finiscono in mare provengono dai paesi asiatici e solo circa l'1% dall'Europa. I più grandi responsabili dello sversamento di plastica in mare sono i dieci principali fiumi del mondo, di cui otto asiatici. Quanto agli stati, uno studio pubblicato su «Science» nel febbraio 2015 mostra come siano cinque i paesi responsabili della quota maggiore di plastica «scaricata» in mare, e tutti dell'estremo Oriente: la Cina, con oltre 3,5 milioni di tonnellate riversate ogni anno in mare, l'Indonesia con quasi 1,3 milioni, e a seguire Filippine, Vietnam e Sri Lanka. Questi paesi sono responsabili di circa il 60% di tutta la plastica oceanica. Seguono poi Thailandia, Egitto, Malesia, Nigeria e Bangladesh. La maggior parte di questi paesi non ha una gestione dei rifiuti adeguata, altri sono caratterizzati dalla presenza degli slum, sui quali si alzano montagne di rifiuti. Per molti di questi paesi la povertà è un fatto cronico e la plastica permette di accedere a mezzi di sostentamento economicamente più sostenibili. E, come già visto, alla produzione di plastica locale vanno aggiunti i rifiuti di plastica del mondo occidentale leciti e illeciti. Se è vero che i fiumi asiatici sono i maggiori vettori di plastica nei mari, come insistono i produttori, è altrettanto vero che tale affermazione trova una contradizione quando si vedono il letto del Po in secca coperto di rifiuti plastici e il Sarno convogliare una quantità enorme di plastica verso le acque costiere campane.

Abbiamo esportato un modello di consumo, socialmente ed economicamente accettato in Occidente, verso paesi che alla fine risultano impreparati e non in grado di gestire lo stesso sistema di produzione. I rifiuti ne sono una conseguenza. Il fatto che le multinazionali incolpino i paesi asiatici di essere gli inquinatori per ovvie mancanze strutturali pubbliche e politiche diventa una forma di discriminazione ambientale. Ma è anche un alibi per proseguire nell'attuale sistema di produzione e consumo. Il consumatore paga le tasse gestionali, l'ambiente paga le conseguenze e il produttore guadagna senza farsi carico di costi esternalizzati ma continua ad alimentare il desiderio di acquistare oggetti. Siamo noi consumatori il loro oggetto del desiderio e per restare tali è bene che intorno a questo sistema globale che ruota intorno alla plastica permanga una cortina di confusione e un pantano in cui ogni azione decisiva sia rallentata. Del resto basti pensare che se dovessimo liberarci dall'obsolescenza programmata, per esempio degli elettrodomestici, ormai anch'essi alla stregua dell'usa e getta, il sistema irrazionale cadrebbe. E lo stesso vale per la plastica.

Per questo la gestione del problema plastica deve essere scevra da idealizzazioni, da tutte le parti, ma è pur vero che finché si tutelano solo i profitti non si tutela la società. Nella plusvalenza deve essere contabilizzato il pianeta. Non si possono più esternalizzare i danni e le responsabilità sia al privato cittadino sia alla società presente e soprattutto a quella futura, perché a lungo andare ne risentirà anche il mercato futuro.

# Bibliografia

Andrady Anthony L., *Plastics and environmental sustainability*, Wiley & Sons Publication 2015.

Bergmann Melanie, Gutow Lars, Klages Michael (a cura di), *Marine Anthropogenic Litter*, Springer Open 2015.

Jambeck J.R., Geyer R., Wilcox C., Siegler T.R., Perryman M., Andrady A., Narayan R., Lavender Law K., *Plastic waste inputs from land into the ocean*, «Science» 13 febbraio 2015, vol. 347, n. 6223, pp. 768-771, Doi: 10.1126/science.1260352

Royer S.-J., Ferrón S., Wilson S.T., Karl D.M., *Production of methane and ethylene from plastic in the environment*, «PLoS ONE», 2018 13(8): e0200574, doi: https://doi.org/10.1371/journal.pone.0200574.

Takada Hideshige, Karapanagioti Hrissi K. (a cura di), *The Handbook of Environmental Chemistry – Hazardous Chemicals Associated with Plastics in the Marine Environment*, Springer, 2019.

APPENDICE

# Le grandi famiglie della plastica

## POLIACETALI (POM)

I polimeri acetali sono formati dalla polimerizzazione della formaldeide, composti da catene ripetute di un gruppo metilene e un atomo di ossigeno, chiamato ossimetilene. Sono anche conosciuti con il nome di poliossimetileni o resine acetali. Sono altamente cristallini, quindi resistentissimi anche ai solventi acidi e basici, sono stabili e con punti di fusione di 180 °C, quindi resistenti al calore e inoltre impermeabili all'acqua. Furono studiati da Staudinger negli anni Venti, ma i materiali termicamente stabili non furono introdotti fino agli anni Cinquanta quando DuPont sviluppò il poliossimetilene con il nome commerciale Delrin. Pertanto appaiono per la prima volta in commercio nel 1959. Il campo di applicazione è vasto: sono usati nella produzione della meccanica fine, quali ingranaggi di orologi, chiusure lampo, rulli, componenti idraulici, pale per ventilatori, contenitori di aerosol, pignoni e catene stampate, cuscinetti delle automobili, eccetera. Sono spesso usati come sostituti diretti di metalli.

## POLIMERI CELLULOSICI:
## Acetato di cellulosa (CA) – Acetato di cellulosa butirrato (CAB) – Propionato di acetato di cellulosa (CAP)

Sono i polimeri organici più abbondanti al mondo essendo costituiti da cellulosa, il principale polisaccaride della struttura di quasi tutte le cellule vegetali e di molte specie di funghi. La fonte primaria della cellulosa è il legno le cui fibre sono ampiamente usate per la carta e nel comparto edile. Le piante producono la cellulosa attraverso la fotosintesi. Prima che si degradi, la cellulosa deve essere modificata chimicamente per produrre un polimero termoplastico. Sono noti per la loro durezza, brillantezza e trasparenza. In genere la lavorazione di queste plastiche ha bisogno di aggiunte di stabilizzanti termici, antiossidanti, plastificanti, stabilizzanti UV e coloranti. I polimeri cellulosici si trovano in moltissimi oggetti quotidiani tra i quali manici di attrezzi, spazzolini da denti, intelaiature oftalmiche, alloggiamenti per elettrodomestici, penne, matite, manopole, pellicole per imballaggio e nastri industriali, volanti, parti di telecamere, occhiali di sicurezza e protezioni per il gioco del calcio.

## FLUOROPOLIMERI:
## Policlorotrifluoroetilene (PCTFE) – Politetrafluoroetilene (PTFE) – Etilene propilene fluorurato (FEP) – Etilene clorotrifluoroetilene (ECTFE) – Etilene tetrafluoroetilene (ETFE) – Polivinilindenfluoruro (PVDF) – Polivinilfluoruro (PVF)

I fluoropolimeri sono usati per le loro particolari proprietà di resistenza al calore, agli agenti chimici, basso coefficiente di attrito, flessibilità alle basse temperature. Questo è dovuto alla forza e alla stabilità del legame carbonio-fluoro. Il primo brevetto fu assegnato nel 1934 a IG Farben per un polimero contenente fluoro, il policlorotrifluoroetilene (PCTFE). Non trovò molte applicazioni commerciali fino alla scoperta di un altro fluoropolimero nel 1938: il politetrafluoroetilene (PTFE). I FEP sono nati per mano della DuPont e sono spesso usati per le tubature in processi chimici e cavi. L'ECTFE è usato nei casi in cui è necessario un isolamento di fili e cavi ad alte temperature. L'ETFE trova applicazione nei sistemi elettrici per computer, aerei e sistemi di riscaldamento. Il PTFE viene utilizzato in una varietà di applicazioni elettriche come isolamento di fili e cavi per motori, condensatori, bobine e trasformatori, per apparecchiature chimiche, come parti di valvole e guarnizioni. Ai più è noto come Teflon. Il maggior utilizzo è per i rivestimenti antiaderenti resistenti ad alte temperature. Il PVDF è particolarissimo in quanto ha proprietà piezoelettriche, il che significa che genera corrente elettrica quando compresso, pertanto è stato utilizzato per la generazione di onde ultrasoniche e nei settori elettrici ed elettronici. Il PVF è utilizzato per laminazioni su compensato e altri pannelli. È impermeabile a molti gas e ha un'ottima resistenza al calore. Usato per gli interni di aeromobili, pannelli fotovoltaici, nei rivestimenti metallici, è stato scoperto da Primo Levi negli anni Cinquanta. È stato recentemente usato dalla Nasa per la sonda partita per Marte.

## Poliammidi (PA) e Poliammidi aromatici

I poliammidi (PA), noti più comunemente come nylon, sono fibre sintetiche apparse nel 1935. Sono polimeri sintetizzati mediante metodi di polimerizzazione a condensazione, spesso reagendo con una diammina alifatica e un acido bicarbossilico. Ne fa parte anche il kevlar. Sono usati per masse da stampaggio nell'industria meccanica, nella produzione di film per l'imballaggio flessibile di prodotti alimentari. Oggi, le calze di nylon sono un materiale termoplastico tra i più importanti economicamente con un giro di affari esteso. Il tipo di nylon è determinato dal numero di atomi di carbonio nei monomeri utilizzati nella polimerizzazione e ne influenza i campi di applicazione. Possono cambiare così resistenza all'impatto o subire maggiore usura o altre proprietà. Sono per lo più fibre e possono essere utilizzate nei tappeti e moquette, nei rinforzi dei tubi e delle cinghie, nel cavo del pneumatico, negli ingranaggi, nelle scatole del cambio e nella frizione delle automobili oppure per le setole dei pennelli, lenze da pesca e pellicole per imballaggio.

Quando si aggiunge un gruppo aromatico al poliammide ne risulta un poliammide aromatico, usato quando la caratteristica della trasparenza diventa basilare. Il kevlar è il più famoso, usato per fibre ad alta resistenza, come i giubbotti anti-proiettili.

## POLIACRILONITRILE (PAN): Copolimero stirene-acrilonitrile (SAN) – Acrilonitrile-butadiene-stirene – ABS – Terpolimero acrilonitrile – Stirene – Estere acrilico – Asa

Il poliacrilonitrile conferisce al polimero una buona resistenza ai solventi, elevata rigidità e bassa permeabilità ai gas quali ossigeno e anidride carbonica. I copolimeri di acrilonitrile legati ad altri monomeri sono ampiamente usati. Copolimeri di cloruro di vinilidene e acrilonitrile trovano applicazione in film a bassa permeabilità al gas. Lo stirolo-acrilonitrile (SAN) trova applicazione nel settore degli imballaggi. Numerosi copolimeri acrilonitrilici in passato sono stati usati per i contenitori per bevande, ma il requisito di livelli molto bassi di monomero acrilonitrile residuo in questa applicazione ha portato alla rimozione di molti prodotti dal mercato. L'acrilonitrile, con butadiene e stirene, formano i polimeri ABS, impiegati nei manufatti che necessitano resistenza agli urti, quali valige, piccoli e grandi elettrodomestici, chassis per apparecchiature elettrico/elettroniche, telefoni, accessori nel settore automobilistico, giocattoli. I famosi *Lego* sono in ABS. La maggior parte dell'acrilonitrile consumata entra nella produzione di fibre. Le fibre acriliche hanno una buona resistenza all'abrasione, vita durevole e alta resistenza. Hanno anche una buona resistenza a macchie e umidità. La copolimerizzazione con monomeri come vinilacetato, vinilpirrolidone ed esteri vinilici conferisce alle fibre la capacità di essere tinte utilizzando normali tinture tessili.

## Poliammide-immide (PAI)

La poliammide-immide (PAI) è un termoplastico amorfo ad alta temperatura, disponibile dagli anni Settanta sotto il nome commerciale di Torlon. Ha una capicità di resistere a temperautre estreme, sia basse che alte. Sono ignifughi e producono poco fumo quando vengono bruciati. Il polimero ha una buona resistenza chimica, ma a temperature elevate può essere influenzato da acidi forti, basi e vapore. Si usano per le tenute idrauliche, parti meccaniche per l'elettronica e componenti del motore, per veicoli spaziali e per attrezzatura da cucina.

## Poliarilati

I poliarilati sono poliesteri amorfi e aromatici, preparati da acidi dicarbossilici e bisfenoli. È un materiale ignifugo e presenta una buona resistenza ai raggi UV. Trovano applicazioni nei settori automobilistici come maniglie delle porte, staffe e supporti per i fari e gli specchietti. Sono anche utilizzati in applicazioni elettriche per connettori e fusibili, per circuiti stampati, caschi e scudi antincendio. La resistenza agli UV permette l'utilizzazione come rivestimento per altri materiali termoplastici.

## POLIBENZIMIDAZOLI (PBI)

Molto resistenti alle alte temperature, non infiammabili e resistenti ad agenti chimici, sono preparati da tetramine aromatiche (per esempio tetra amino-bifenolo) e acidi bicarbossilici aromatici (difenilisoftalato). Si presentano sotto forma di fibre e alcune forme sagomate. Sono impiegati come indumenti protettivi e arredi per aeromobili o come isolanti termici, connettori elettrici e guarnizioni.

## POLIBUTILENE (PB)

Sono polimeri lineari che presentano elevata resistenza agli urti, resistenza allo strappo e resistenza alle forature, agli agenti chimici, buone proprietà di barriera all'umidità e buone proprietà di isolamento elettrico. Un'importante applicazione per il polibutilene è il tubo idraulico per uso sia commerciale che residenziale. Il tubo in polibutilene può essere utilizzato anche per il trasporto di liquidi abrasivi.

## POLICARBONATI (PC)

Il materiale termoplastico per antonomasia, ha un'alta resistenza, elevate temperature di deflessione del calore e trasparenza. È stato scoperto intorno al 1928, ma solo nel 1958 sia la Bayer (Germania) che la General Electric (Stati Uniti) ne hanno iniziato la produzione. È ottenuto dalla condensazione di esteri dell'acido carbonico e bisfenolo. La sua natura amorfa con lunghe catene aggrovigliate contribuisce alla durezza elevata. Ha di contro una limitata resistenza chimica a numerosi solventi aromatici, tra cui benzene, toluene e xilene. È comunemente usato negli elettrodomestici come aspirapolveri, caschi di sicurezza, scudi antisommossa, tettoie per aeromobili, alloggiamenti per semafori e custodie per batterie per automobili. Spesso viene miscelato con altri polimeri: miscele PC/ABS per gli alloggiamenti elettronici a parete sottile come i computer portatili; le miscele con polibutilene tereftalato (PBT) sono utili per migliorare la resistenza chimica del PC ai prodotti petroliferi e la sua resistenza agli urti a bassa temperatura.

## POLIESTERI TERMOPLASTICI:
## Polibutilentereftalato (PBT) – Policicloesilenedimetilenetereftalato (PCT) – Polietilene tereftalato (PET) – Poliesteri a cristalli liquidi (LCP) – Policicloesilendimetilentereftalato (PCT)

È un'ampia classe di prodotti caratterizzati dal gruppo estere unito a idrocarburi alifatici o aromatici. I polimeri a cristalli liquidi, costosi, sono utilizzati nelle applicazioni automobilistiche, elettriche, di lavorazione chimica e domestica quali pentole per forno e microonde. I PBT si sono sviluppati all'avvicinamento delle scadenze dei brevetti del PET. Si usano nelle macchine per attutire rumore o come isolante elettrico, utilizzato in alloggiamenti della pompa, distributori, giranti, boccole dei cuscinetti e ruote dentate e si stanno facendo strada anche nelle industrie delle piastrelle da cucina e da bagno. Il PCT ha un basso assorbimento di umidità e la sua buona resistenza chimica ai fluidi del motore e ai solventi organici lo rendono adatto ad applicazioni sotto il cofano quali armature di alternatori e sensori di pressione. Viene utilizzato anche con altri polimeri – PCTA e PCTG il primo con aggiunta di acido, il secondo con glicole. Il più famoso del gruppo è il PET che trova numerose applicazioni essendo economico, resistente e leggero: dalle bottiglie, e in generale per i contenitori di liquidi, alle pellicole, agli stampaggi, tappeti, buste multistrato per cibi precotti, nastri per audio e videocassette.

## Polieterimmidi (PEI)

Sono una nuova classe di termoplastici amorfi con resistenza alle alte temperature e resistenza agli urti. Trovano numerose applicazioni: tra queste possiamo ricordare i sensori di temperatura nelle automobili o nei dischi rigidi per i computer.

## Polietilene (PE)

È il polimero che detiene il più alto volume di affari al mondo. L'elevata tenacità, la duttilità, l'eccellente resistenza chimica, la bassa permeabilità al vapore acqueo, unite alla facilità con cui può essere lavorato, rendono il PE tra i polimeri più utilizzati. Il PE viene usato per fare contenitori, bottiglie, film e pipe, tra le altre cose. È un polimero incredibilmente versatile con varietà quasi illimitata a causa del potenziale di copolimerizzazione. Gli omopolimeri PE sono costituiti esclusivamente da atomi di carbonio e idrogeno dall'etilene. Secondo il grado di densità in commercio si trova in varie forme: PE a bassissima densità (VLDPE), a bassa densità (LDPE), lineare a bassa densità (LLDPE), ad alta densità (HDPE) e peso molecolare ultraelevato (UHMWPE). Il VLDPE è stato introdotto nel 1985 da Union Carbide ed è principalmente utilizzato nelle applicazioni cinematografiche. Il LDPE e LLDPE, resistenti, duri e duttili, sono i materiali di scelta per i film d'imballaggio. L'HDPE è uno dei prodotti chimici a più alto volume di merci prodotti nel mondo. Lo si applica per le bottiglie, oggetti per la casa, giocattoli, secchi, contenitori per alimenti, secchi dell'immondizia, casse per il latte e custodie. I film HDPE si trovano comunemente come sacchetti nei supermercati, nei grandi magazzini e come sacchi per la spazzatura. L'UHMWPE è sfruttato in impieghi che comprendono fra l'altro i rivestimenti per le apparecchiature per il trattamento chimico, i rivestimenti di lubrificazione per vagoni ferroviari, le applicazioni per proteggere le superfici metalliche, oltre ad attrezzature ricreative di vario genere, come sci e dispositivi medici.

## Copolimeri di polietilene

L'etilene viene copolimerizzato con molti monomeri, in particolare varianti di acido acrilico e vinilacetato. Ne risultano:

- *Copolimeri acido etilene-acrilico (EAA)*: sfruttati per legare il foglio di alluminio al polietilene in tubi di pasta dentifricia laminata e come rivestimenti nei sacchetti di alluminio.

- *Copolimeri etilene-etilacrilato (EEA)*: servono per parti gommose modellate, film flessibili per guanti monouso e teli ospedalieri, tubi flessibili, guarnizioni e paraurti.
- *Copolimeri etilene-metilacrilato (EMA)*: termicamente stabile, è usato per guanti monouso e dispositivi medici anallergici per persone con allergie al lattice, guarnizioni di calore, per giocattoli soffici, tubi.
- *Copolimeri etilene-n-butilacrilato (EBA)*: utilizzati per migliorare la resistenza all'impatto, la tenacità, la saldabilità a caldo.
- *Copolimeri etilene-vinilacetato (EVA)*: per il basso costo si applica negli imballaggi alimentari, film coestrusi, in campo elettrico, medicale, nel settore calzaturiero e in quello dei giocattoli.
- *Copolimeri etilene-alcol vinilico (EVOH)*: come il precedente, è un polimero termoplastico utilizzato ampiamente nel settore degli imballaggi per alimenti.

## Poliimmide (PI)

Per le alte qualità sono utilizzate in sostituzione di metallo e vetro e in quelle situazioni in cui l'ambiente esterno è particolarmente ostico.

## Polichetoni (PEK – PEEK – PEEKK)

Polimeri robusti, molto resistenti al calore, basso assorbimento di umidità, tutte qualità che conferiscono a questi materiali applicazioni particolari quali parti d'impianti nucleari, pozzi petroliferi, valvole a vapore ad alta pressione, impianti chimici, motori aerei e automobilistici.

## Polimetilmetacrilato (PMMA)

Nel 1933 è stato commercializzato con il nome Plexiglas e nel 1939 è stato usato per le prime lenti a contatto. Polimero del metacrilato di metile, estere dell'acido metacrilico, è un'ottima alternativa al vetro e lo si adopera per la produzione di lastre trasparenti, lastre per coperture, per insegne luminose e per apparecchiature ottiche, ma anche per fanalini posteriori per automobili, obiettivi, cabine di pilotaggio per aerei, pensiline per elicotteri, protesi dentarie e parabrezza.

## Polimetilpentene (PMP)

Il polimetilpentene è stato introdotto a metà degli anni Sessanta. Ora è commercializzato con il nome commerciale Tpx. Il metodo di polimerizzazione più significativo che lo contraddistingue riguarda la dimerizzazione del propilene. I prodotti tipici a base di polimetilpentene includono tubi trasparenti e altre applicazioni d'impianti chimici, attrezzature mediche sterilizzabili, impianti di illuminazione e alloggiamenti.

## Polifenilenossido (PPO)

Utilizzato in una serie di settori tecnici dove sono richieste elevate caratteristiche meccaniche ad alta temperatura e resistenza agli attacchi chimici, quali per esempio acidi e soluzioni alcaline: settore elettrico, elettronico, medico, trasporti, elettrodomestico, industriale. È il risultato della polimerizzazione di condensazione per accoppiamento ossidativo catalizzata da rame e piridina.

Lo si trova nei componenti di isolamento a microonde e alloggiamenti per trasformatori, pompe, contatori d'acqua, sistemi di irrigazione e serbatoi di acqua calda.

## POLIFENILENSOLFURO (PPS)

Utilizzato in numerose applicazioni tecniche in campo elettrico, elettronico, fotografico, aeronautico, meccanico e nella fabbricazione di particolari elettrodomestici. Fonde a 300 °C ed è il risultato della polimerizzazione tra paradiclorobenzene, solfuro di sodio in un solvente polare.

## POLIFTALAMIDE (PPA)

È stato originariamente sviluppato per l'uso come fibre e successivamente ha trovato applicazione in altre aree. I poliftalamidi sono poliammidi semi-aromatici basati sulla polimerizzazione di acido tereftalico o acido isoftalico e un'ammina. Sono usati in applicazioni automobilistiche dove la loro resistenza chimica e la stabilità della temperatura sono importanti: alloggiamenti dei sensori, componenti della linea del carburante, lampada frontale, riflettori, componenti elettrici e componenti strutturali, in articoli sportivi, parti di giacimenti petroliferi e applicazioni militari.

## POLIPROPILENE (PP)

Estremamente versatile, si trova in forme che vanno dalle fibre a film. È simile alla struttura del polietilene, fatta eccezione per la sostituzione di un gruppo d'idrogeno con un gruppo metilico su ogni altro carbonio. Creato nel 1954 dall'ingegnere chimico Giulio Natta (che per questo vinse il Nobel per la Chimica nel 1963, insieme a Karl Ziegler dell'Istituto Max Planck), entrò nel mercato con il nome commerciale di Moplen. Le applicazioni di stampaggio a iniezione coprono una vasta gamma di applicazioni automobilistiche come luci a cupola, pannelli, custodie per batterie per auto e lavatrici. PP riempito può essere utilizzato in applicazioni automobilistiche come supporti e coperture del motore. Il PP modificato con elastomeri è utilizzato nell'area automobilistica per paraurti, pannelli di cruscotto e griglie per radiatori. Gli scarponi da sci sono un'altra applicazione per questi materiali. Schiume strutturali, preparati di PP e vetro sono utilizzati nel serbatoio esterno delle lavatrici. Gli articoli per la casa quali le moquette hanno la struttura in PP.

## Poliuretani (PU)

È un'ampia famiglia di polimeri in cui la catena polimerica è costituita da legami uretanici, dalla reazione d'isocianati e polioli. Esistono diverse composizioni in funzione dell'applicazione finale. Sono molto versatili. Sono utilizzati come schiume flessibili e rigide, elastomeri e rivestimenti. I poliuretani sono disponibili sia come termoindurenti che termoplastici; inoltre le loro durezze spaziano dal materiale rigido all'elastomero. Utilizzati nella fabbricazione di finte pelli, suole e tacchi da scarpe, film per isolamento, modificatori d'impatto per altre materie plastiche, rulli o ruote, cinghie di trasmissione e guarnizioni idrauliche, come laminati tessili per abbigliamento e rivestimenti protettivi per letti ospedalieri, come rivestimenti per fili e cavi.

## Le resine stireniche:
## Polistirene (PS) – Ps ad alta resistenza modificati in gomma (HIPS) – Terpolimero acrilonitrile butadiene stirene (ABS) – Terpolimero acrilonitrile clorurato di polietilene-stirene (ACS) – Terpolimero acrilico stirene acrilonitrile (ASA) – Copolimeri stirene acrilonitrile (SAN) – Terpolimero metilmetacrilato butadiene stirene – (MBS) – Polistirene espanso (EPS)

La famiglia dello stirene è ideale per applicazioni in cui sono richieste parti stampate rigide e dimensionalmente stabili.

Il polistirene (PS) è una delle quattro materie plastiche il cui utilizzo combinato rappresenta il 75% dell'uso mondiale di plastica. La popolarità del PS è dovuta alla sua trasparenza, bassa densità, modellabilità relativamente alta, eccellenti proprietà elettriche, basso costo e facilità di elaborazione. Ha una moltitudine di applicazioni: bicchieri a iniezione, articoli medici, giocattoli, bottiglie stampate a iniezione e soffiate e imballaggi alimentari estrusi. Possono essere copolimerizzati con un'elevata quantità di altri polimeri ed elementi. L'HIPS è preferibile per gli oggetti stampati durevoli, compresi radio, televisione e stereo nonché custodie per dischi rigidi. Nell'ABS c'è un'enorme flessibilità nel personalizzare le proprietà variando i rapporti dei tre monomeri: acrilonitrile, butadiene e stirene. Il componente acrilonitrile contribuisce alla resistenza al calore e alla resistenza chimica. Il contributo elastomerico del butadiene conferisce maggiore resistenza all'impatto, tenacità, ritenzione della proprietà a bassa temperatura e flessibilità, mentre lo stirene contribuisce alla rigidità, alla finitura lucida e alla facilità di lavorazione. Il suo uso è ampiamente prevalente come alloggiamenti per attrezzature (come telefoni, televisori e computer). Per l'ACS le applicazioni includono custodie e componenti per macchine da ufficio come calcolatrici da tavolo, fotocopiatrici, registratori di cassa elettronici, nonché alloggiamenti per televisori e registratori di videocassette e oggetti che devono resistere agli agenti atmosferici. L'ASA trova applicazioni in grondaie, raccordi per tubi di scarico, cartelli, cassette postali, persiane, finestrini e mobili da giardino. Le applicazioni per SAN comprendono parti stampate a iniezione per dispositivi medici, connettori per tubi in PVC, prodotti lavabili in lavastoviglie e scaffalature per frigoriferi. Altre applicazioni includono il packaging per il mercato farmaceutico e cosmetico, l'industria automobilistica e gli usi industriali.

Il polistirene espanso (EPS) si presenta come materiale molto leggero, utilizzato prevalentemente nell'imballaggio, nell'isolamento e alleggerimento di strutture nell'edilizia, nella produzione di calotte interne per caschi di protezione.

## Polisolfoni (PSU)

Si riferiscono a polimeri contenenti gruppi -$SO_2$ lungo la spina dorsale. Sono solitamente materiali giallastri, trasparenti, amorfi e sono noti per la loro elevata rigidità, resistenza e stabilità termica. La buona resistenza al calore e le proprietà elettriche dei polisolfoni consentono loro di essere utilizzati in applicazioni come circuiti stampati e componenti Tv. La resistenza chimica e al calore sono proprietà importanti per le applicazioni automobilistiche. I componenti degli asciugacapelli possono anche essere realizzati in polisolfone. Trovano applicazione nei componenti di accensione e nelle schiume strutturali. Un altro importante mercato è quello dei forni a microonde.

## Resina a base vinilica: Polimeri di cloruro di polivinile (PVC) – Pvc clorurato (CPVC) – Cloruro di polivinilidene (PVDC)

Vengono preparati mediante polimerizzazione di cloruro di vinile in una reazione di polimerizzazione di addizione con radicali liberi. Il PVC si trova in due forme base: rigido e plastificato. Esiste un'ampia varietà di applicazioni per il PVC perché è possibile adattare le proprietà mediante una corretta selezione di additivi. I prodotti in PVC rigido comprendono rivestimenti di case, tubi estrusi, termoformati e parti stampate a iniezione. Il PVC rigido viene satinato in carte di credito. Il PVC plastificato viene utilizzato in applicazioni quali tubi flessibili, tappetini, tubi da giardino, involucro termoretraibile e bottiglie. La post-clorurazione del PVC è stata praticata durante la Seconda Guerra Mondiale. Il CPVC può essere preparato passando il cloro attraverso una soluzione di PVC. Il CPVC viene utilizzato per tubazioni di distribuzione dell'acqua, tubazioni per liquidi chimici industriali, telai per lucernari esterni, per parti interne di autoveicoli e una varietà di altre applicazioni. Il cloruro di polivinilidene (PVDC) è simile al PVC tranne che due atomi di cloro sono presenti su uno dei gruppi di carbonio. Questo materiale ha eccellenti proprietà protettive ed è frequentemente usato negli imballaggi alimentari.

## Poliisobutilene (PIB)

Dalla polimerizzazione d'isobutilene con isoprene, i tipi oleosi vengono impiegati nel settore degli adesivi, come olio per condensatori e trasformatori e come regolatore della viscosità negli olii per motori. I tipi semisolidi vengono impiegati come impermeabilizzanti di supporti in tessuto. Le lastre di PIB servono come rivestimenti di serbatoi.

## Polivinilacetati (PVA)

È la nota colla polivinilica ed è un omopolimero di acetato di polivinile. Largamente usata per la produzione di adesivi, idropitture e inchiostri.

## Poliesteri insaturi (UP)

Le resine poliestere insature si ottengono per esterificazione di una miscela di un acido bibasico saturo e di un acido alifatico con glicoli alifatici. Vengono messe in opera mediante diverse tecnologie applicative. Mediante colata si producono bottoni, fibbie, parti elettriche, mattonelle, lastre in finto marmo. Mediante stampaggio di resina prepolimerizzata con cariche e fibra di vetro si ottengono manufatti per l'industria elettrica, elettronica e chimica. Vengono inoltre fabbricate lastre piane ondulate utilizzate in edilizia. Un settore di rilievo è quello della nautica, dove le resine poliestere trovano applicazione nella fabbricazione di scafi e d'intere imbarcazioni. Trovano impiego inoltre nel settore dei trasporti, dei grandi contenitori e in una serie di applicazioni che vanno da parti di aerei ed elicotteri a schermi radar, articoli sportivi.

## Resine alchidiche

Si ricavano dalla reazione tra un acido o una sua anidride e un alcool. Utilizzate nel settore delle pitture e vernici, come resine da stampaggio, e dove siano richieste caratteristiche elettriche, resistenza meccanica, al calore e alla fiamma. I settori applicativi sono apparecchi Rtv, parti elettriche di motori a scoppio ed elettrici.

## RESINE ALLILICHE (DAP)

Dall'esterificazione dell'alcool insaturo allilico con acidi ftalici, si utilizzano come masse da stampaggio per l'impregnazione di tessuti o fibre di vetro. Ulteriore applicazione la trovano per isolatori elettrici, articoli tecnici per calcolatori, circuiti stampati, parti per avionica e aerospaziale, lastre rinforzate, tubi, parti di missili.

## RESINE EPOSSIDICHE (EP)

Sono resine termoindurenti molto importanti nel commercio e sono ottenute dalla condensazione di bisfenolo ed epicloridrina. Impiegate nella produzione di vernici, adesivi, laminati, isolatori elettronici. Spesso sono rinforzate con fibre di vetro, di carbonio e aramidiche.

## RESINE FENOLICHE – FENOPLASTI (PF)

Dalla condensazione di fenolo e formaldeide, si utilizzano per laminati, adesivi, componenti elettrici e motoristici.

## RESINE FURANICHE

Resistenti al calore, agli acidi, alle basi e ai solventi derivano dalla condensazione dell'aldeide furfurilica e dell'alcool furfurilico con fenolo. Le troviamo in rivestimenti anticorrosivi nell'industria chimica anche sotto forma di laminati impregnati, per la preparazione di mastici e stucchi, in fonderia come leganti di sabbia nella preparazione di stampi e nel settore degli adesivi.

## Resine melaminiche (MF)

Si producono dagli anni Trenta e sono frutto della condensazione di melamina e formaldeide. Per la loro buona resistenza meccanica sono utilizzate per la produzione di laminati, di stoviglie e negli isolanti elettrici.

## Resine ureiche (UR)

Utilizzate per la produzione di pannelli truciolari, sono largamente prodotte dalla fine degli anni Venti dalla condensazione di urea e formaldeide.

# Indice

## Capitolo 3
## Le vie della plastica nell'alimentazione



## Capitolo 4
## Plastica: tra soluzioni e riflessioni

## Appendice
## Le grandi famiglie della plastica

pp. 224 - euro 18,00

L'impatto dell'uomo sul pianeta ha lasciato un'impronta distinta anche sulla scala del tempo geologico: questa ipotesi ha guadagnato molti sostenitori tra gli esperti. Cambiamenti climatici globali, ricaduta radioattiva, accumulo di plastica, modificazione dei cicli del carbonio, dell'azoto, del fosforo, deforestazione, desertificazione, perdita di biodiversità con l'estinzione di numerose specie sono solo alcuni dei molti indicatori che lasciano tracce indelebili negli strati profondi del sottosuolo. L'Antropocene è ufficialmente realtà.

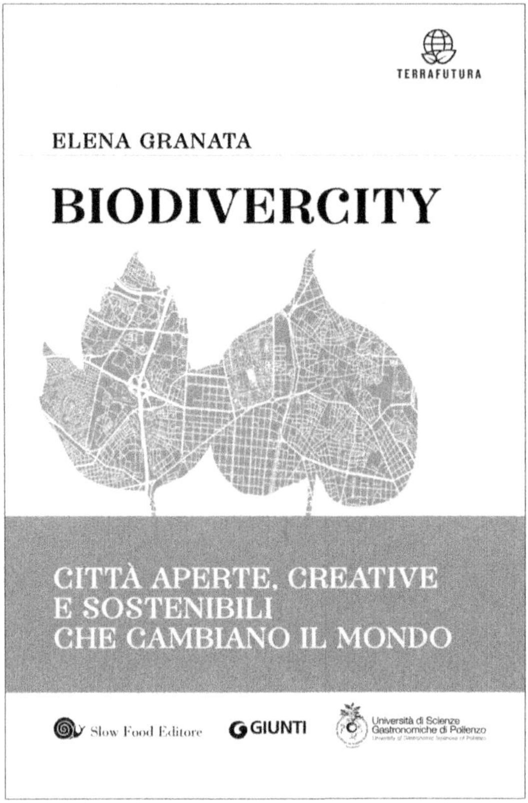


pp. 240 - euro 16,00

La città contemporanea è un luogo della sintesi im-perfetta tra opposti: l'alto e il basso, il singolare e il molteplice, il poco e il troppo, il mescolato e il distinto. È il luogo in cui si moltiplicano esperienze di partecipazione dal basso, di condivisione di tempi e di beni. In cui si radicalizzano comportamenti individuali, chiusure e atteggiamenti difensivi verso lo straniero e il diverso, alla ricerca di comunità tra simili, rassicuranti e protette. Ragionare su di loro non è solo utile, ma ormai indispensabile.

pp. 160 - euro 16,00

In un saggio che discute e analizza il nuovo "spirito" dell'economia del nostro tempo, Luigino Bruni spiega come l'ideologia manageriale manipoli e svilisca valori quali stima, riconoscimento, comunità e propone di trasformare il mercato in un laboratorio di virtù etiche e civili.

pp. 240 - euro 16,00

Un tentativo autentico e riuscito di illustrare con argomenti convincenti e chiari come economia, natura e società siano strettamente, anzi intimamente, collegate. Questo libro ci spiega che per migliorare la nostra vita è necessario cambiare e che si può far progredire l'economia anche in modo diverso, ovvero attraverso scelte che riescano a coniugare crescita economica, capitale naturale e un equilibrato sviluppo sociale.

pp. 304 - euro 18,00

Le politiche sostenibili impongono un cambio di mentalità: uomini e donne diventano consapevoli agenti del cambiamento e soggetti capaci di coniugare saperi e pratiche virtuose per ridurre povertà e disuguaglianze. La sostenibilità non è un sogno impossibile. È un imperativo globale, un traguardo scientifico e politico che l'umanità ha davanti a sé.

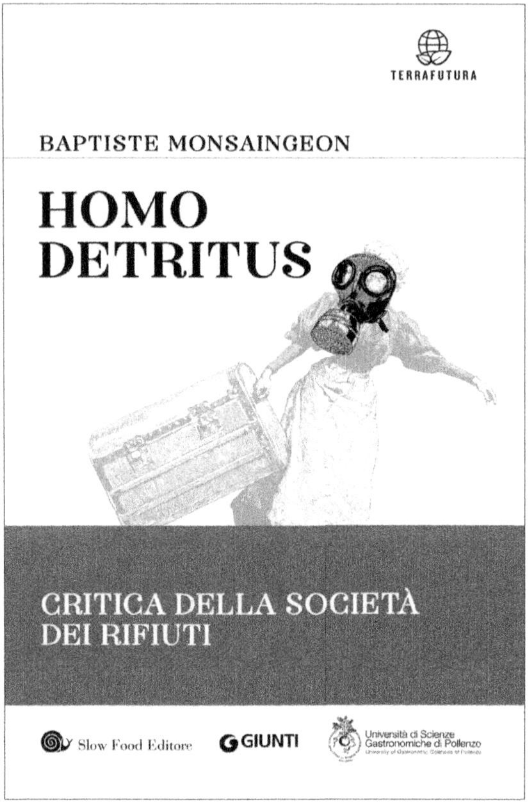


pp. 256 - euro 18,00

Come siamo arrivati a questo punto? Inquinamento di ogni tipo, acidificazione degli oceani, impoverimento del suolo: i segnali ci sono tutti. Dopo aver sepolto e bruciato, il nuovo imperativo è quello delle 3R, "Ridurre, Riutilizzare, Riciclare". L'*Homo detritus* si è convinto di salvare il pianeta buttando via "bene" i rifiuti, ma dati lampanti dicono che non basta. Questo libro pone le basi per capire come prestare ascolto a "ciò che resta" e affrontare con nuovi strumenti un problema che pone interrogativi sulla possibilità stessa della vita sulla Terra.

pp. 224 - euro 18,00

Possono dei miscugli di semi racchiudere al loro interno tanta forza e diversità da riuscire a contrastare i disastrosi effetti dei cambiamenti climatici? E come gli agricoltori diventano custodi di patrimoni ambientali?
L'omologazione dei semi e la loro appartenenza a poche multinazionali è uno dei maggiori attentati alla salute del pianeta e delle persone. L'insicurezza alimentare ed energetica aumenta poi la vulnerabilità dei sistemi ai disastri naturali. La biodiversità è un bene comune e come tale va custodita.

SILVIO GRECO, biologo marino, è dirigente di ricerca della Stazione zoologica A. Dohrn, docente di Controllo delle produzioni agroalimentari e di Sostenibilità ambientale presso l'Università di Scienze Gastronomiche di Pollenzo, membro della CSNA (Commissione scientifica nazionale per l'Antartide), membro della COI (Commissione oceanografica italiana), presidente del Consiglio scientifico di Slow Fish e del Consiglio scientifico ambiente e mare di Coldiretti.
Ha effettuato campagne di pesca scientifica in quasi tutti i mari del mondo partecipando a sei campagne di ricerca in Antartide.
Autore di oltre duecento pubblicazioni scientifiche in Italia e all'estero, ha scritto *Guarda che mare* con Cinzia Scaffidi (Slow Food Editore, 2007), *Il pesce*, illustrato da Sergio Staino (Slow Food Editore, 2015), e *Un'onda di plastica* con Raffaella Bullo (Manifestolibri, 2018).

www.giunti.it
www.slowfoodeditore.it

Disponibile anche in versione ebook

Printed in Dunstable, United Kingdom

91230512R00112